快乐手工系列

棒针入门

木木尔 主编

编织手工 低碳生活

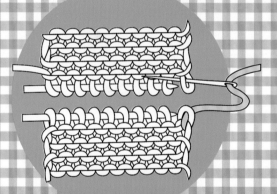

U0229732

CnS K 湖南科学技术出版社

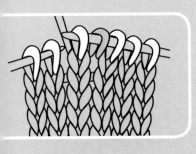  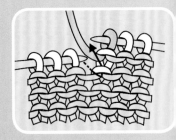

在秋风送爽、临近冬季的日子里，您是否想提前为爱人织一件温暖牌毛衣，为朋友织一条时尚的围巾，为自己编织一顶好看的帽子？是否急切需要把这一份暖意转化成深厚的祝福和浓浓的爱意，却无从下手？如今有了这本书，不仅可以把这些顾虑抛之脑后，还能通过学习棒针的基础技术，掌握其中的精髓，编织属于您的美丽人生。

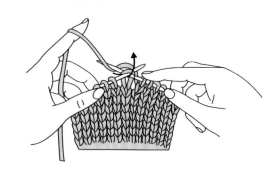

不同颜色的线材，不同的织针方式，可以让您编织出款式各异、风格百变的织物。只要简单的两根棒针，就可以让毛线在您手中像变魔术一样，变成毛衣、围巾和各种小物件……

本书作为编织手工爱好者的基础教材，除了有详细的制作图解，还有详尽的文字说明。从最基础的知识出发，由浅入深地介绍棒针的编织常用针法、棒针常用技法及织物的整理与修饰，其中包括了基本针法、变化针法、加针、减针、并放针针法、棒针起针技法、棒针配色技法以及编织线的隐藏方法等。让您不再因棒针手法繁多，或初次动手、看不懂图解而烦恼。

只要花点小心思，您也可以成功完成编织作品。本书能让您轻轻松松掌握棒针使用方法，感受编织的乐趣。

目 录

快乐手工系列

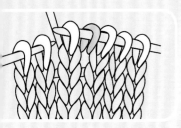 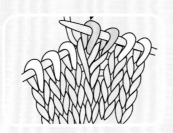 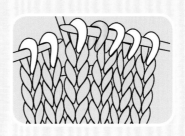 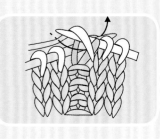

Part 1

材料与工具

常用工具及线材

● 棒 针

棒针的材质一般有木质、不锈钢、塑料等。棒针有两种，一种是一端有一圆球形物体的棒针，通常用作编织平面织物（即一来一回编织），圆球的作用是阻隔已编织之活结脱出，这种针的长度常为30cm以上；另一种是两端均呈尖形的棒针，用途较广，它可以编织平面织物，又可以编织圆形织物（即绕圈编织，亦作回旋编织）。

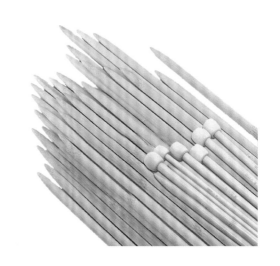

● 缝 针

缝针主要由不锈钢材料制成，其在编织过程中主要起到辅助作用，可以根据设计需要将线穿入缝针的孔中，主要用来缝合、修补和连接编织物。

● 固定针

编织用的固定针，主要用于编织的过程中，根据具体需要，起到临时固定两个编织片的作用。

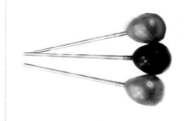

● 防解别针

防解别针主要用于领围、袖笼腋下或特殊设计时等暂时不编织而要留针的地方。

● 尺子

　　手工编织的时候一般都要用到软尺和量尺。软尺主要用于测量人体胸围、腰围、臀围、衣长或编织物的尺寸；量尺主要用于测量编织物的密度。

● 剪刀

　　剪刀主要用于剪断编织过程中的编织线或整理线头。

● 常用线材

　　编织常用线材的原料一般分为天然纤维与人造纤维两种。天然纤维包括羊毛、兔毛、蚕丝等为主的动物纤维，还包括以棉、麻为代表的植物纤维。而人造纤维则包括人造丝、尼龙、丙烯纤维、聚酯纤维、金丝银线等。进行手工编织时，一般会使用这些纤维线材中的一种或几种进行加工，这样编织出来的成品款式会更好看。常用的编织线材色彩应有尽有，粗细各异，一般分为特细、极细、中细、中粗、特粗等规格。

拿线与持针方法

● 法式拿法

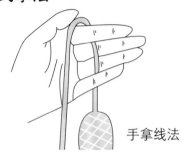

手拿线法

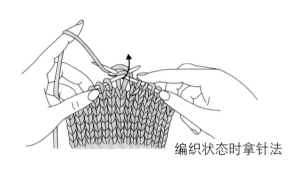

编织状态时拿针法

　　法式拿法是将线挂在左手食指上，绕线进行编织的方法。持针方法是左手大拇指和中指握住针尖，无名指和小指自然地放着。右手食指放在针上，用来控制调整棒针针尖的操作，压住编织时的端针，以防止针圈有棒针脱落。

● 美式拿法

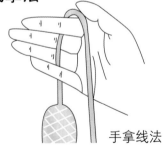

手拿线法

编织状态时拿针法

　　美式拿法是编织线挂在右手食指上，绕线进行编织的方法。持针方法是右手大拇指和中指握住针尖，无名指和小指自然地放着。左手食指放在针上，用来控制调整棒针针尖的操作，压住编织时的端针，以防止针圈有棒针脱落。

编织常用针法

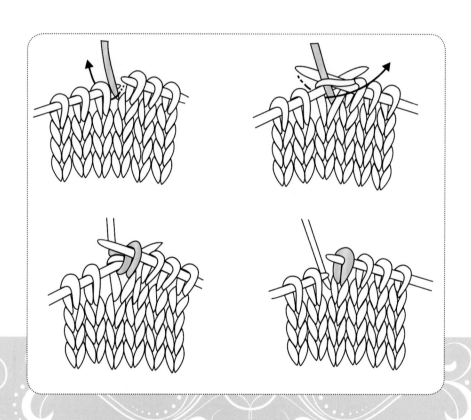

上针

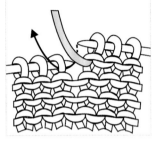

① 把线放在织物前面，右棒针沿箭头方向插入左棒针针圈。

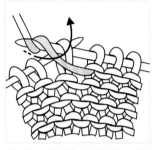

② 在右棒针上绕线，沿箭头方向挂线并从后面拉出。

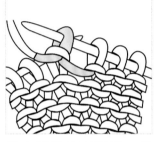

③ 右棒针拉出环后，把左棒针从针圈拉出。

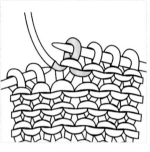

④ 完成，继续编织下一针。

扭转上针

① 右棒针沿箭头方向插入左棒针针圈。

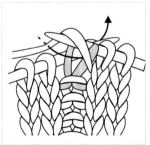

② 在右棒针上绕线，沿箭头方向挂线并从外侧面拉出。

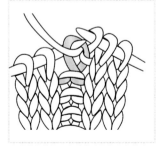

③ 右棒针拉出环后，把左棒针从针圈拉出。

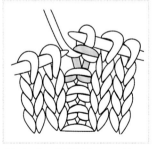

④ 完成，继续编织下一针。

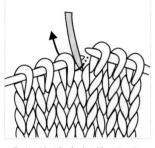
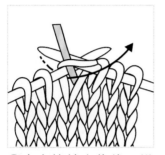
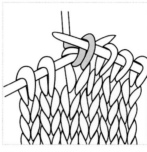
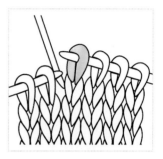

①把线放在织物后面，右棒针沿箭头方向插入左棒针针圈。

②在右棒针上绕线，沿箭头方向挂线拉出。

③右棒针拉出环后，把左棒针从针圈拉出。

④完成，继续编织下一针。

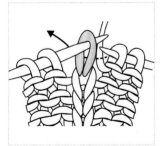
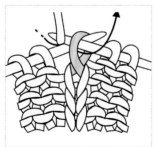
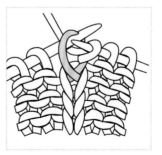
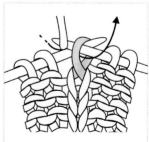

①右棒针沿箭头方向插入左棒针针圈。

②在右棒针上绕线，沿箭头方向挂线拉出。

③右棒针拉出环后，把左棒针从针圈拉出，拉出的针圈底部呈扭转状态。

④完成，继续编织下一针。

镂空针

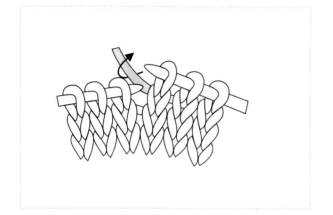

① 沿箭头方向在右棒针前面绕线。

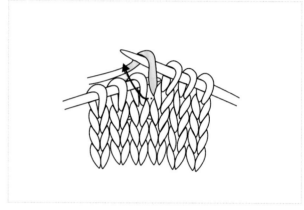

② 沿箭头方向插入左棒针的针圈。

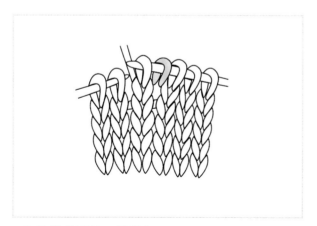

③ 接着普通的下针编织。

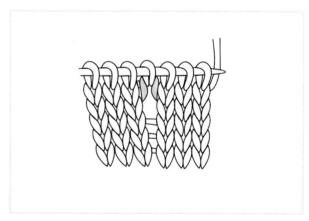

④ 在编织到下一行的时候，与其他针圈同样编织，则完成镂空针。

加针针法

上针左加针

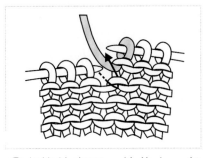

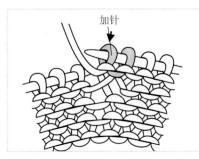

①左棒针在下一针的上一行上，沿箭头方向插入并挑起针圈。

②右棒针沿箭头方向插入，并编织上针。

③上针左加针完成。

上针右加针

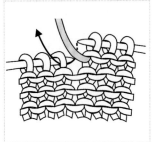
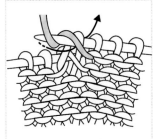
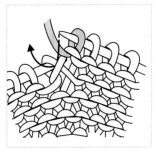
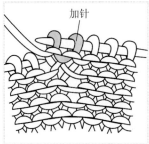

①右棒针在下一针的上一行上，沿箭头方向插入并挑起针圈。

②在右棒针上绕线，沿箭头方向编织上针。

③右棒针沿箭头方向插入左棒针针圈，编织上针。

④上针右加针完成。

下针左加针

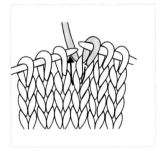

① 右棒针沿箭头方向插入针圈。

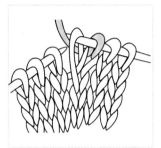

② 右棒针把插入的针圈向上拉。

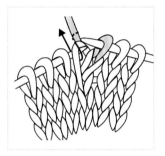

③ 把向上拉的针圈移至左棒针上，然后编织下针。

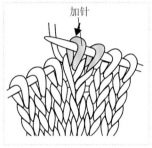

加针

④ 完成，继续编织下一针。

下针右加针

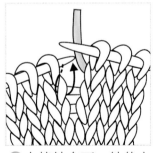

① 右棒针在下一针的上一行上，沿箭头方向插入并挑起针圈。

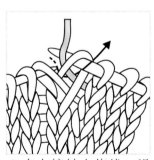

② 在右棒针上绕线，沿箭头方向编织下针。

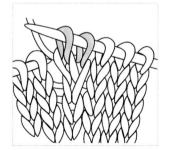

③ 右棒针沿箭头方向插入左棒针针圈，编织下针。

④ 下针右加针完成。

扭转加针

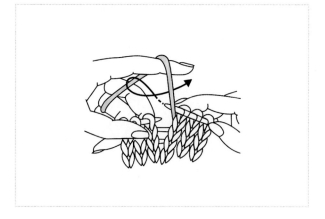

❶左手手指挑线，右棒针沿箭头方向绕线。

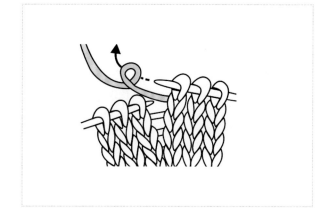

❷也可用手指做出线环，如图。

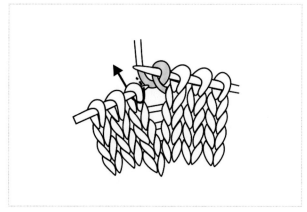

❸右棒针穿过线环并拉紧，然后沿箭头方向进行
普通编织。

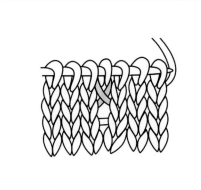

❹在编织下一行时，在线环处加1针即可。

1针加3针（方法1）

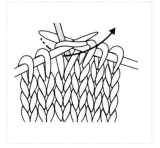

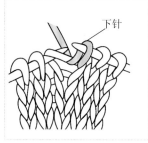

下针

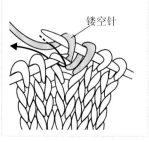

镂空针

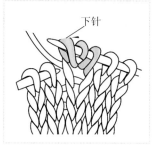

下针

①如图右棒针插入针圈，在右棒针上绕线，沿箭头方向拉出针圈。

②先编织完1针下针。

③左棒针不抽出针圈，在右棒针上绕线，编织镂空针，然后沿箭头方向插针。

④在同一针再织1针下针，即成。

1针加3针（方法2）

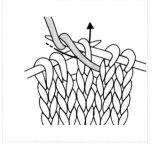

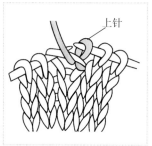

上针

镂空针

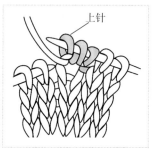

上针

①如图右棒针插入针圈，在右棒针上绕线，沿箭头方向拉出针圈。

②编织完1针上针。

③左棒针不抽出针圈，在右棒针上绕线，编织镂空针，然后沿箭头方向插针。

④在同一针再织1针上针，即可。

1针加4针

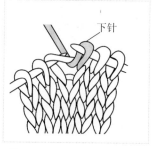
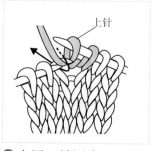
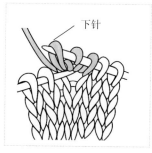

① 先编织完1针下针。

② 在同一针圈内再织1针上针。

③ 在同一针圈内再织1针下针。

④ 再在同一针圈内再织1针上针，即成。

1针加5针

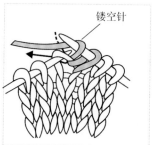
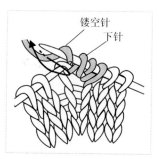
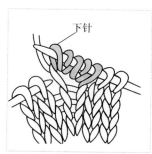

① 先编织完1针下针。

② 只需在右棒针上绕绕即成1针镂空针，再织1针下针。

③ 在第4针编织镂空针，第5针编织下针。

④ 针法完成。

○ 减针针法

上针左上2针并1针

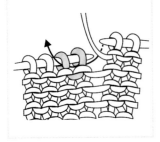 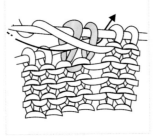  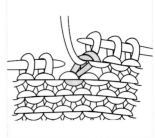

① 右棒针沿箭头方向从左棒针右两个针圈的右边插入。

② 右棒针绕线后沿箭头方向拉出，把两针圈一起编织上针。

③ 将左棒针从针圈抽出。

④ 针法完成。

下针左上2针并1针

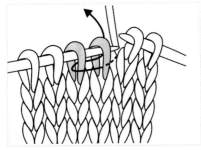 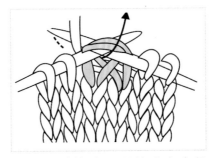 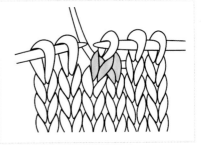

① 右棒针沿箭头方向从左棒针右两个针圈的左边插入。

② 右棒针绕线后沿箭头方向拉出，将两针圈一起编织下针。

③ 将左棒针从针圈抽出，针法完成。

上针右上2针并1针

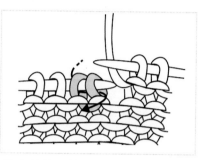
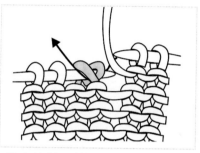
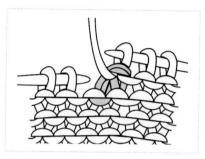

①右棒针沿箭头方向插入左棒针右两个针圈，并交换两针位置。

②右棒针沿箭头方向插入针圈，右棒针绕线后拉出，把两针圈一起编织上针。

③在左棒针从针圈抽出，针法完成。

下针右上2针并1针

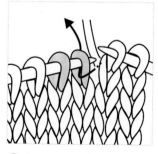
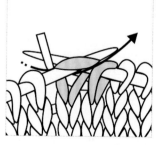
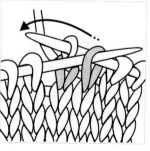
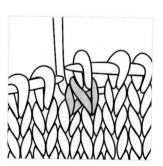

①右棒针沿箭头方向插入左棒针针圈，并把针圈移到右棒针上。

②右棒针插入左棒针第1个针圈，右棒针绕线后箭头方向拉出，编织下针。

③左棒针插入步骤1移到右棒针的针圈中，把针拔出，并翻压到左边的针圈上。

④针法完成。

上针左上3针并1针

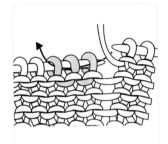 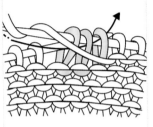 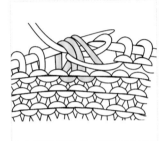 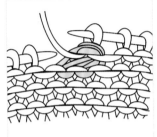

① 右棒针沿箭头方向从右往左一次穿入左棒针的3个针圈。

② 在右棒针上绕线，沿箭头方向拉出，编织1针上针。

③ 抽出左棒针。

④ 针法完成。

下针左上3针并1针

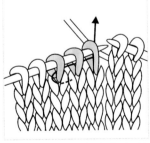 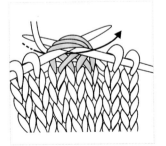 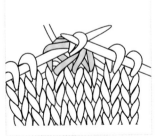 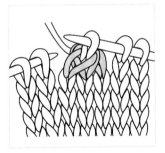

① 右棒针沿箭头方向从左往右一次穿入左棒针的3个针圈。

② 在右棒针上绕线，沿箭头方向拉出，编织1针下针。

③ 抽出左棒针。

④ 针法完成。

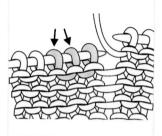

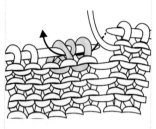

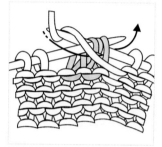

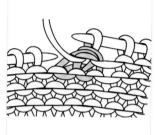

❶用右棒针挑换左棒针向左的第2针和第3针的顺序。

❷右棒针沿箭头方向插入左棒针右边3个针圈。

❸在右棒针上绕线，沿箭头方向拉出，编织一针上针。

❹抽出左棒针，针法完成。

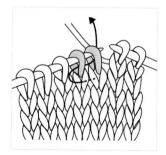

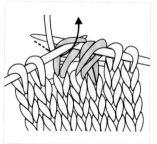

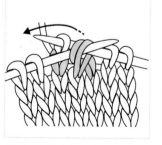

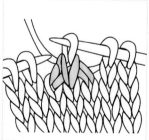

❶右棒针沿箭头方向插入左棒针右边两个针圈，并将其移到右棒针上。

❷右棒针在左棒针右第3针图示箭头方向插针、绕线、拉出，编织1针下针。

❸左棒针插入步骤1移到右棒针的针圈中，将此针拔出，并沿箭头方向压过第3针。

❹针法完成。

上针右上3针并1针

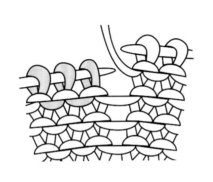

① 更换左棒针上右边第1个针圈和第2、第3个针圈的顺序。

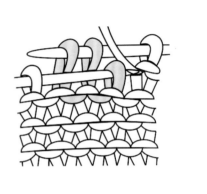

② 交换针圈。

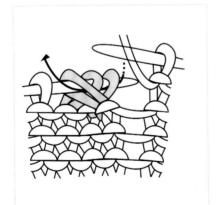

③ 右棒针沿箭头方向从右往左分别穿入，移至右棒针上不编织。

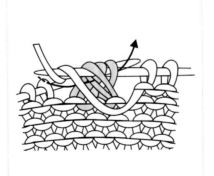

④ 右棒针在左棒针的第4针圈里绕线，沿箭头方向拉出，编织1针下针。

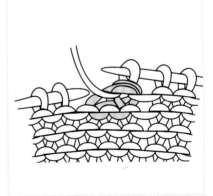

⑤ 用左棒针把右棒针之前的3针沿箭头方向，分别拔到第一针针圈里。

下针右上3针并1针

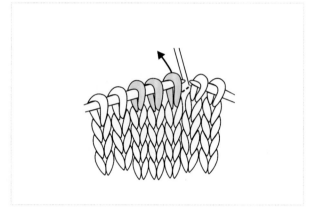

❶右棒针沿箭头方向插入左棒针右边1个针圈，并将其移到右棒针上。

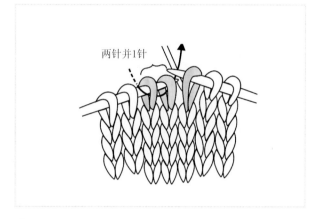

两针并1针

❷右棒针沿箭头方向从左到右插入左棒针右边2个针圈，并在右棒针上绕线，拉出。

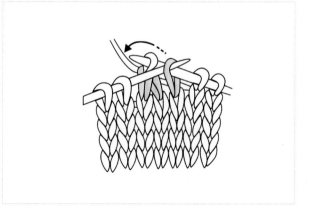

❸左棒针插入步骤1移到右棒针的针圈中，将此针拔出，并翻压在其左边的针圈上。

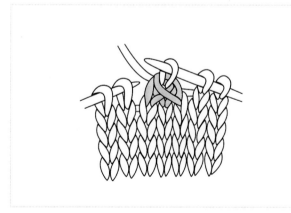

❹针法完成。

下针左上4针并1针

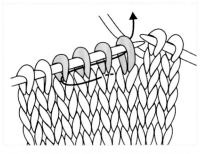 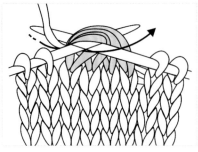 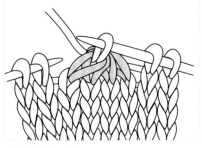

❶右棒针沿箭头方向从左往右一次穿入左棒针的4个针圈。

❷将右棒针绕线拉出，编织成1针下针。

❸针法完成。

下针右上4针并1针

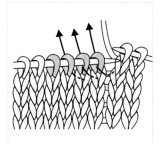 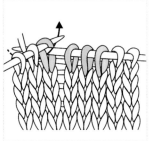 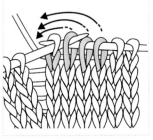 

❶右棒针沿箭头方向从左往右分别穿入左棒针的3个针圈。

❷在右棒针上绕线，沿箭头方向拉出，编织1针下针。

❸抽出左棒针后把之前穿入的3个针圈放到右棒针第一个针圈里。

❹针法完成。

并放针针法

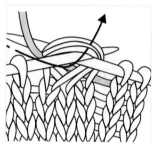

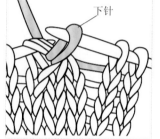

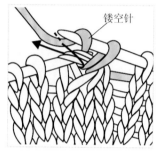

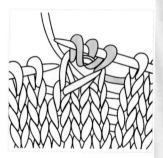

① 右棒针沿箭头方向从左往右一次穿入左棒针的3个针圈。

② 将右棒针绕线拉出，编织成1针下针，左棒针不抽出。

③ 再编织1针镂空针，右棒针沿箭头方向插入3个针圈中，编织下针。

④ 抽出左棒针，针法完成。

3针3行珠结法

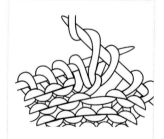

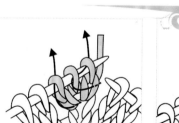

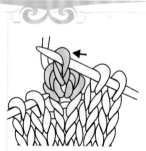

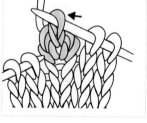

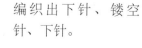

① 在同一针内依次分别编织出下针、镂空针、下针。

② 将织物换拿，在反面编织3针上针。

③ 再次换拿，在右棒针沿箭头方向将左棒针上右2针移到右棒针上，第3针编织下针。

④ 左棒针插入移到右棒针上的两针，拔出并压过刚编织完的下针里，针法完成。

3针5行珠结法（方法1）

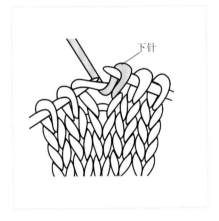

① 先编织下针。

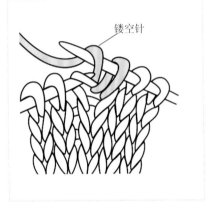

② 再编织1针镂空针。

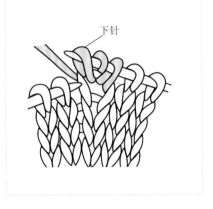

③ 接着在同一针内编织下针。

④ 然后换拿织物，在加出的3针上按上、下、上再编织出3行。

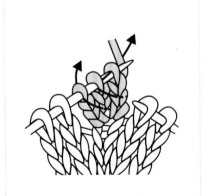

⑤ 再次换拿，将左棒针上前2针移至右棒针上，第3针编织下针。

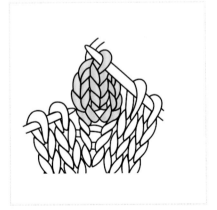

⑥ 在移过的两针内插入左棒针，分别拔出压过第3针，针法完成。

3针5行珠结法（方法2）

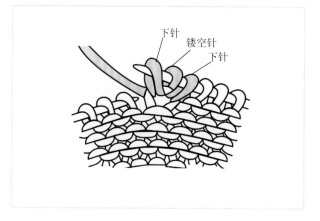

下针
镂空针
下针

❶在同一针内依次分别编织出下针、镂空针、下针。

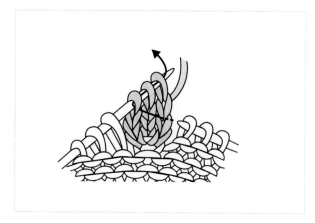

❷在编织出的3针上，按上、下、上的顺序边换拿织物边编织出3行。

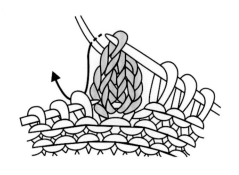

❸3针一次插针，编织下针，完成。

5针3行珠结法

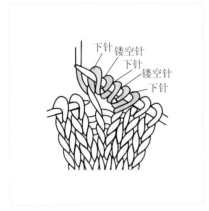

① 在一针内交替编织下针和镂空针，编织出5针。

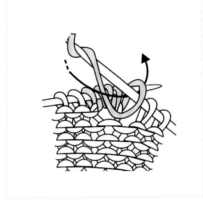

② 换拿织物，在织出的5针基础上织上针。

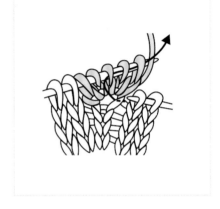

③ 然后换拿织物，将左棒针上右3针不编织，移至右棒针上。

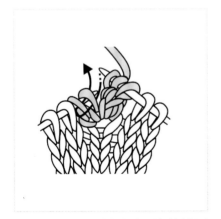

④ 右棒针从左棒针右2针的针圈中一次插针，编织下针。

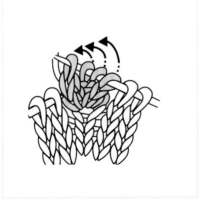

⑤ 将移至右棒针上的3针分别拔出，压过左一针圈。

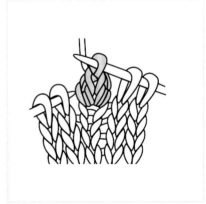

⑥ 针法完成。

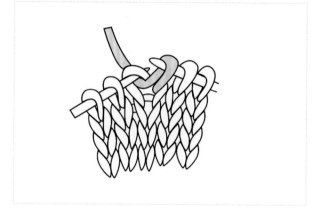

① 先编织下针。

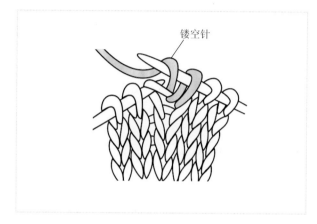

镂空针

② 第2针编织镂空针。

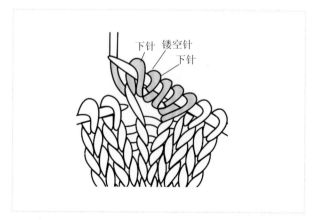

下针　镂空针
下针

③ 重复编织下针和镂空针，编织出5针。

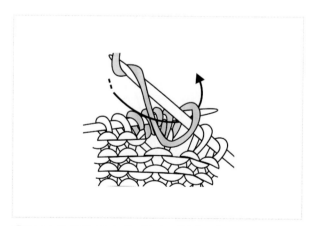

④ 边换拿织物边在此5针上再编织3行。

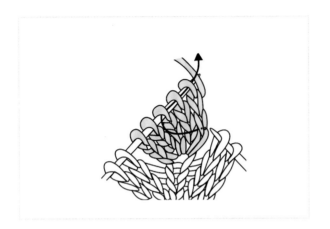

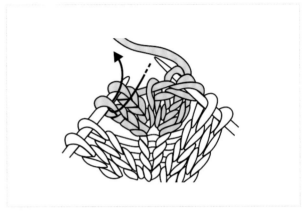

⑤右棒针一次插入左棒针右3针圈，并移到右棒针上。

⑥右棒针沿箭头方向从左往右一次穿入左棒针的2个针圈，编织下针。

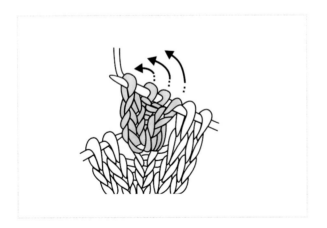

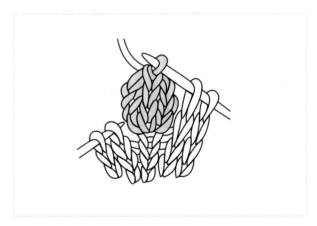

⑦将移到右棒针的3个针圈分别拔出，压过编织针。

⑧针法完成。

3行树苞法

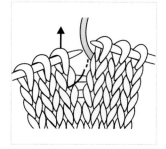

①右棒针沿箭头方向插针。

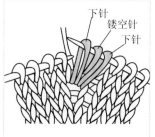

下针
镂空针
下针

②在同一针内依次分别编织出下针、镂空针、下针。

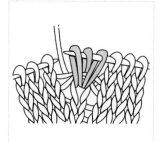

③解开左棒针上的针圈，下一行进行普通的上针编织。

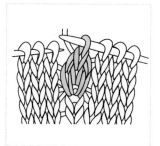

④将编织出的3针按中上3针并成1针编织，针法完成。

4行树苞法

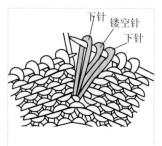

①右棒针从织物的反面沿箭头方向插针。

下针
镂空针
下针

②在同一针内依次分别编织出下针、镂空针、下针。

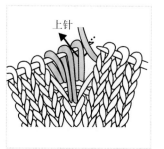

上针

③翻回正面，解开左棒针上的针圈，下一行进行普通的上针编织。

④把编织出的3针按中上3针并成1针编织，针法完成。

3圈绕线

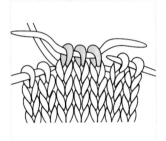

① 在下针上编织3针，并移到别针上。

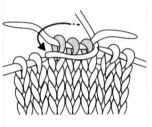

② 别针上的3个针圈沿箭头方向绕线。

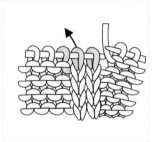

③ 在别针上的3个针圈用毛线逆时针绕线3圈。

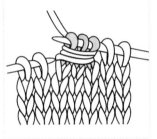

④ 把绕好线的3个针圈移回右棒针，针法完成。

5圈绕线

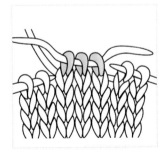

① 在下针上编织3针，并移到别针上。

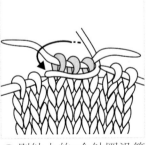

② 别针上的3个针圈沿箭头方向绕线。

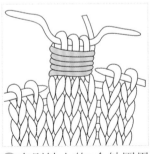

③ 在别针上的3个针圈用毛线顺时针绕线5圈。

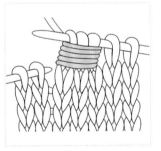

④ 把绕好线的3个针圈移回右棒针，下一针继续编织。

跳针针法

滑针

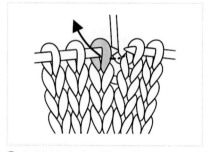
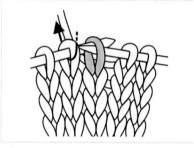
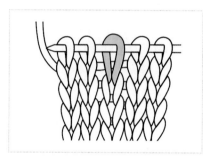

❶ 左棒针上右1针圈如图移到右棒针上。

❷ 右棒针沿箭头方向插入下一针编织。

❸ 针法完成。

上针滑针

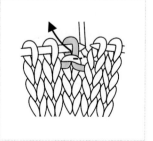
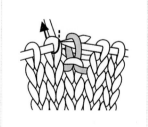
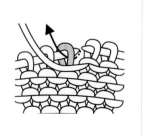
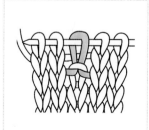

❶ 在上针的情况下，编织方法和滑针的相同。

❷ 上针不编织移到右棒针上，下一针继续普通编织。

❸ 换拿织物，在上针的外侧渡线，沿箭头方向继续编织。

❹ 滑针完成。

浮针

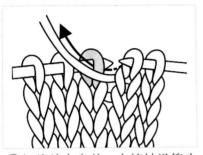

① 把线放在身前，右棒针沿箭头方向插入左棒针右1针圈，移到右棒针上。

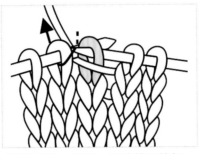

② 把线放在外侧，继续普通编织。

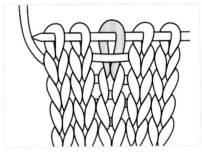

③ 针法完成。

上针浮针

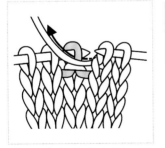

① 线放在前身位置，浮针在上针上，与下针编织方法相同。

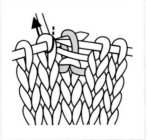

② 针圈移到右棒针上。

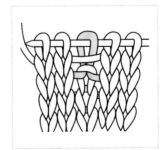

③ 上针的浮针编织完成。

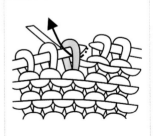

④ 注意反面编织时，把线放在前身位置，针圈移到右棒针上。

左上1针交叉

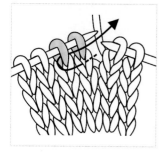
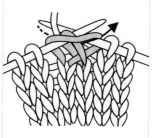
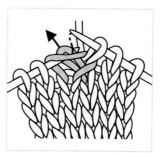
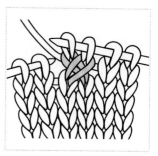

①右棒针沿箭头方向插入左棒针的第2个针圈。

②把左棒针拉长至右边，并绕线编织1针下针。

③把左棒针上的针圈挂针，如图编织下针。

④在左棒针上取下2针，针法完成。

右上1针交叉

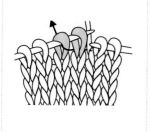
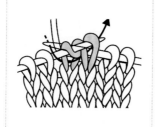
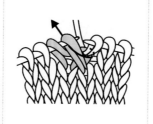
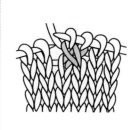

①右棒针从左棒针的右边一个针圈的背面绕过，沿箭头方向插入左边一个针圈，如图。

②在右棒针上绕线，沿箭头方向拉出，编织1针下针。

③左边针圈仍穿在左棒针上，右边针圈编织下针。

④取下左棒针上的2针，针法完成。

左上1针上针交叉

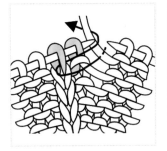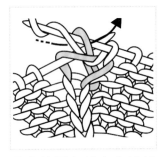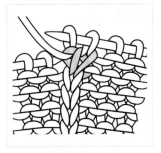

①右棒针沿箭头方向插入左棒针的第2个针圈。

②把环拉出，编织1针下针。

③左针圈仍挂在左棒针上，右棒针如图插针，编织上针。

④在左棒针上取下2针，针法完成。

右上1针上针交叉

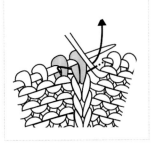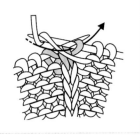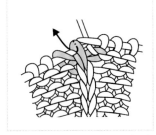

①右棒针从左棒针的右边一个针圈的背面绕过，沿箭头方向插入左边第2个针圈。

②在右棒针上绕线，沿箭头方向拉出，编织1针上针。

③右棒针沿箭头方向编织下针。

④取下左棒针上的2针，针法完成。

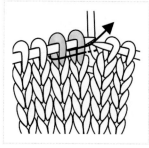
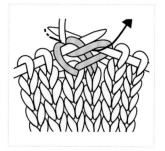
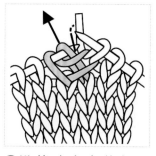
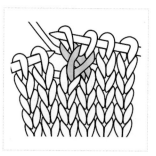

①右棒针沿箭头方向插入左棒针的第2个针圈，向右边拉长。

②在右棒针上绕线拉出，编织扭针。

③沿箭头方向编织下针，如图示。

④在左棒针上取下2针，针法完成。

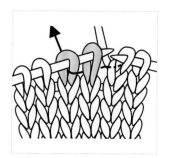
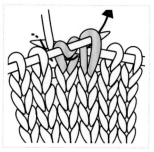
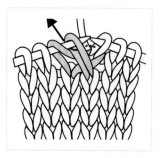
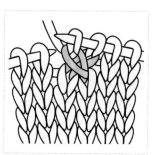

①右棒针沿箭头方向插入左棒针的第2个针圈。

②在右棒针上绕线，并沿箭头方向拉出，编织下针。

③在棒针上绕线，棒针沿箭头方向拉线，即成。

④抽出棒针，针法完成。

左上1扭针上针交叉

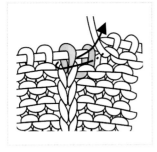

① 右棒针沿箭头方向插入左棒针的第2个针圈，并向右边拉长。

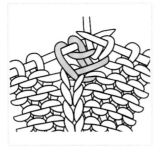

② 在右棒针上绕线拉出，编织下针成为扭针。

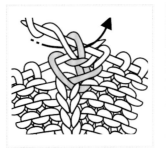

③ 挂住左边针圈，再把右边的针圈编织上针。

④ 在左棒针上取下2针，针法完成。

右上1扭针上针交叉

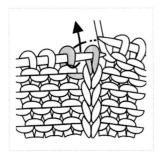

① 右棒针沿箭头方向插入左棒针的第2个针圈，并向右边拉长。

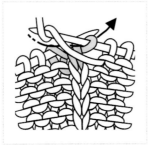

② 在右棒针上绕线，按箭头方向拉出，编织下针。

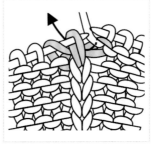

③ 左针圈挂在左棒针上，右棒针沿箭头方向编织扭针。

④ 在左棒针上取下2针，针法完成。

左上1滑针交叉

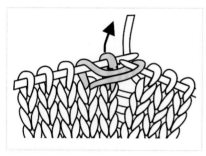

❶右棒针插入左棒针的第2个针圈，并沿箭头方向插入左棒针的第1个针圈。

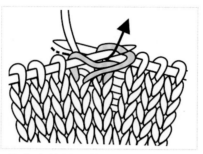

❷在左棒针上绕线，沿箭头方向拉出，编织下针。

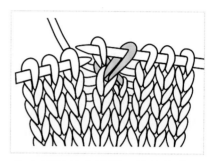

❸左棒针抽出针圈，针法完成。

右上1滑针交叉

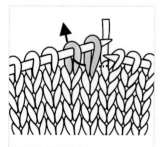

❶右棒针沿箭头方向插入左棒针的第2个针圈。

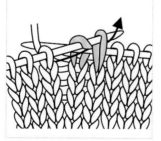

❷左棒针上绕线沿箭头方向拉出，编织下针。

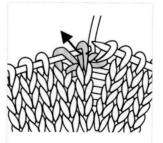

❸左棒针的右针圈不编织，移到右棒针上。

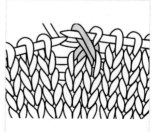

❹针法完成。

左上1套圈交叉

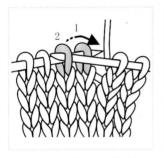

① 右棒针绕过左棒针上第1个针圈，插入第2个针圈，并拔出压过第1个针圈。

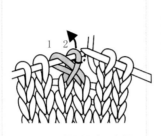

② 右棒针沿箭头方向插入第2个针圈，编织下针。

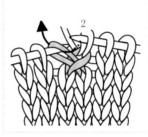

③ 右棒针沿箭头方向插入第1个针圈，编织下针。

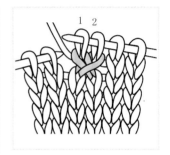

④ 针法完成。

右上1套圈交叉

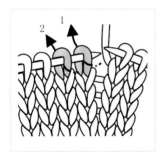

① 右棒针沿箭头方向分别插入左棒针的2个针圈。

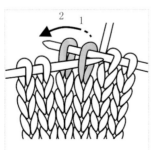

② 将左棒针向右的第1个针圈盖过第2个针圈，并挂在左棒针上。

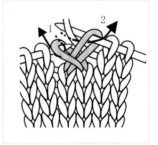

③ 把左棒针第2个针圈和第1个针圈先后编织下针。

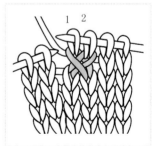

④ 针法完成。

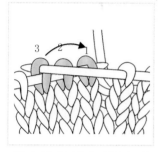 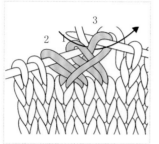 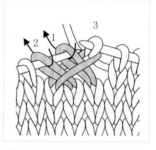 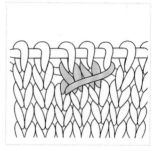

①右棒针挑起针圈3绕过针圈1、2。

②右棒针插入针圈3编织下针。

③从针圈3中穿过针圈1、2依次分别编织下针。

④针法完成。

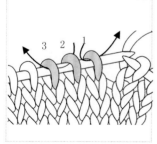 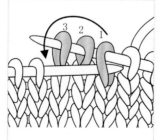 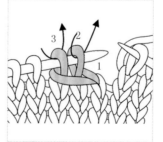 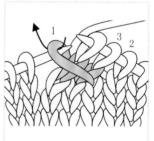

①右棒针沿箭头方向入针,先取下针圈1,然后再将针圈2、3也移到右棒针上。

②用左棒针挑起针圈1沿箭头方向盖过针圈2、3。

③把针圈3、2依次移回左棒针,然后分别编织下针。

④左棒针挑起下方的针圈1编织下针。

左上2针交叉

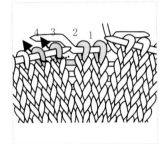 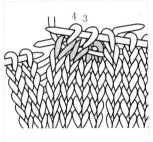 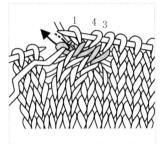 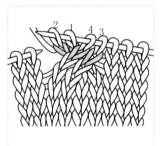

❶把针圈1、2穿上别针。

❷图示所标的针圈3、4分别编织下针。

❸再将别针上的针圈1、2编织下针。

❹针法完成。

右上2针交叉

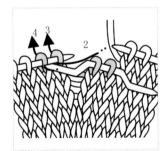 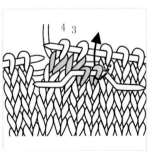 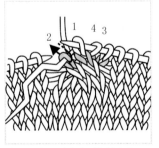 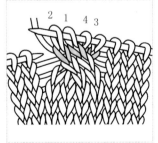

❶把两针圈1、2穿上别针。

❷图示所标的针圈3、4分别编织下针。

❸再将别针上的针圈1、2编织下针。

❹针法完成。

左上2扭针交叉

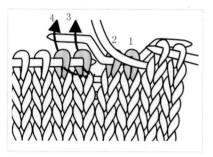

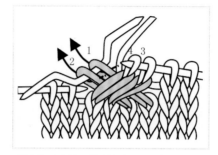

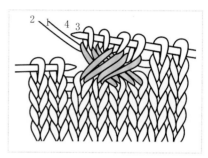

① 把针圈1、2穿上别针。

② 图示所标的针圈3、4分别编织扭针，再将别针上的针圈1、2编织下针。

③ 针法完成。

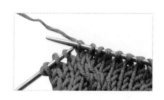

右上2扭针交叉

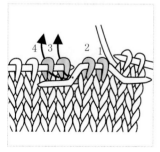

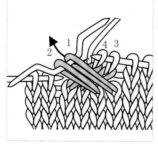

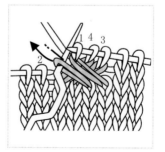

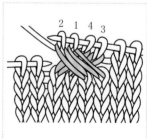

① 把针圈1、2穿上别针。

② 图示所标的针圈3、4分别编织下针，并向左拉长别针上的针圈。

③ 把别针上的针圈1、2进行扭花编织。

④ 针法完成。

左上3针交叉

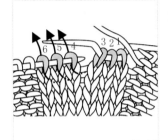 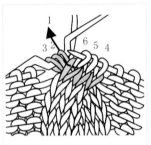 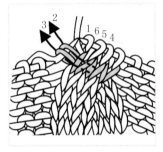 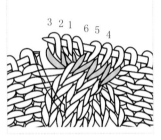

①把针圈1、2、3穿上别针，把针圈4、5、6分别编织下针。

②把别针上的针圈1、2、3向左拉长。

③别针上的针如图示由前方插入，分别编织下针。

④针法完成。

右上3针交叉

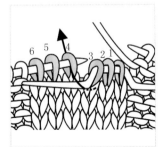 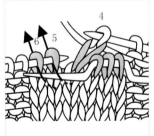 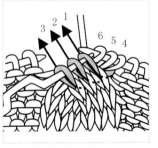 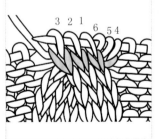

①把针圈1、2、3穿上别针，右棒针如图示箭头方向插入针圈4。

②把针圈4编织下针，再将针圈5、6分别编织下针。

③别针里的针圈1、2、3分别编织下针。

④针法完成。

左上4针交叉

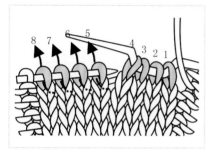
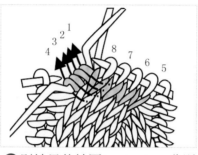

① 把针圈1、2、3、4穿上别针，把针圈5、6、7、8分别编织下针。

② 别针里的针圈1、2、3、4分别编织下针。

③ 针法完成。

右上4针交叉

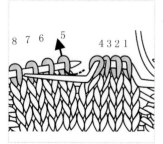
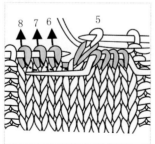
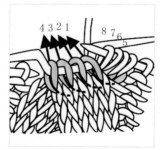

① 把针圈1、2、3、4穿上别针，把针圈5编织下针。

② 右棒针沿箭头方向分别插入针圈6、7、8，编织下针。

③ 右棒针沿箭头方向分别插入针圈1、2、3、4编织下针。

④ 针法完成。

1针左上2针交叉

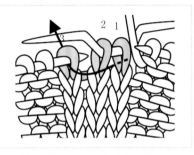  

①把针圈1、2穿上别针，右棒针沿箭头方向插入针圈3并编织下针。

②右棒针沿箭头方向插入针圈1、2并分别编织下针。

③针法完成。

1针右上2针交叉

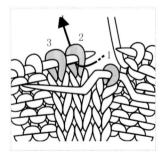 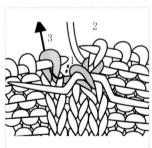 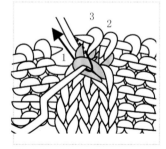 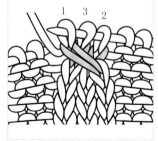

①把针圈1穿上别针，右棒针沿箭头方向插入针圈2并编织下针。

②右棒针沿箭头方向插入针圈3并编织下针。

③右棒针沿箭头方向插入别针上的针圈1并编织下针。

④针法完成。

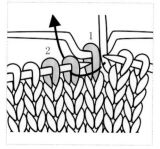
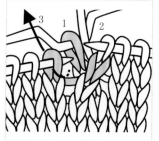
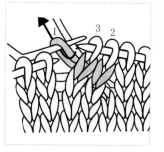
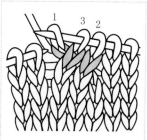

❶把针圈1穿上别针，右棒针沿箭头方向插入针圈2并编织下针。

❷右棒针沿箭头方向插入针圈3并编织下针。

❸右棒针沿箭头方向插入别针上的针圈1并编织下针。

❹针法完成。

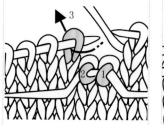
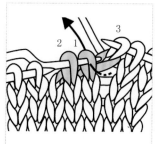
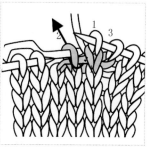
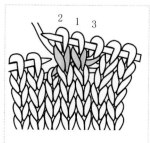

❶左棒针上针圈1、2用别针穿上，右棒针插入针圈3编织下针。

❷右棒针沿箭头方向插入针圈1编织下针。

❸右棒针沿箭头方向插入针圈2编织下针。

❹针法完成。

2针左上1上针交叉

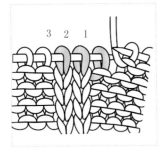

① 将针圈1穿上别针。

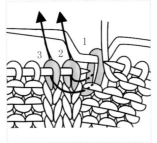

② 右棒针分别沿箭头方向插入针圈2、3，编织下针。

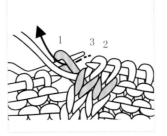

③ 右棒针沿箭头方向插入别针上的针圈1并编织上针。

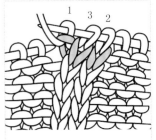

④ 针法完成。

2针右上1上针交叉

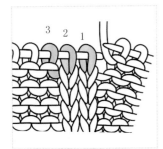

① 把针圈1、2穿上别针，并放在前侧。

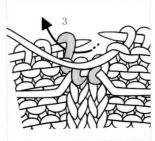

② 右棒针沿箭头方向插入针圈3并编织上针。

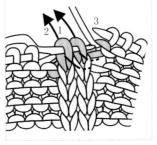

③ 右棒针沿箭头方向插入别针上的针圈1和针圈2，并编织下针。

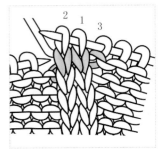

④ 针法完成。

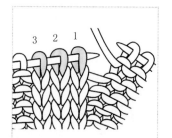

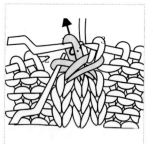

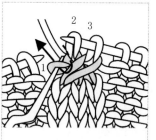

①把针圈1、2分别穿上别针。

②针圈3先编织下针，然后再沿箭头方向在针圈2编织下针。

③右棒针沿箭头方向插入针圈1并编织下针。

④针法完成。

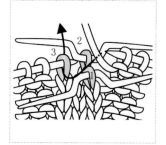

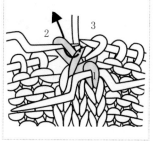

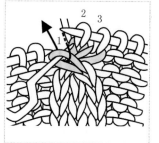

①把针圈1、2分别穿上别针，右棒针沿箭头方向插入针圈3。

②针圈3、2依次分别编织下针。

③右棒针沿箭头方向插入针圈1并编织下针。

④针法完成。

中上左右交叉

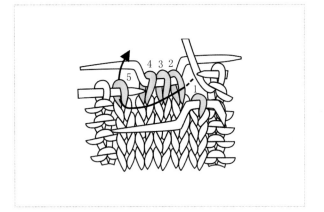

❶把针圈1和针圈2、3、4分别穿上别针，右棒针沿箭头方向插入针圈5，编织下针。

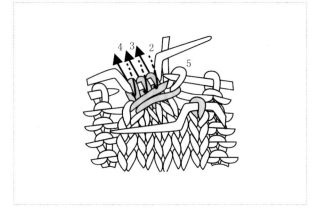

❷针圈2、3、4依次分别编织上针。

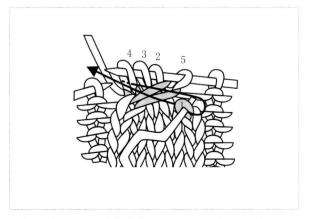

❸右棒针沿箭头方向插入针圈1并编织上针。

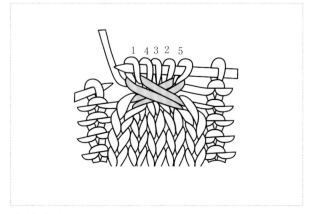

❹针法完成。

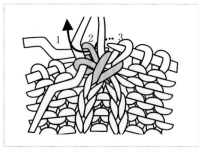
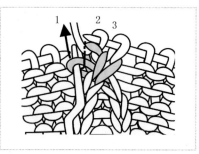

❶把针圈1、2分别穿上别针，右棒针插入针圈3，编织下针。

❷右棒针插入针圈2并编织上针，然后插入针圈1并编织下针。

❸针法完成。

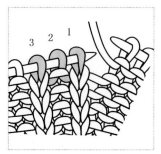
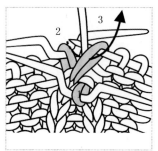
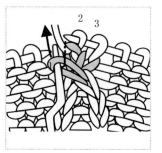
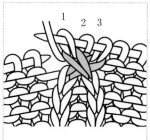

❶把针圈1、2分别穿上别针，并在两侧放好。

❷右棒针沿箭头方向插入针圈3，编织下针。

❸右棒针插入针圈2并编织上针，然后插入针圈1并编织下针。

❹针法完成。

中下2上针左交叉

 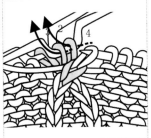 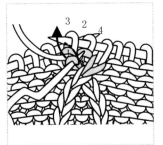 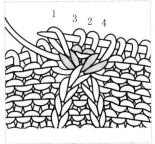

① 分别把针圈1穿上别针，针圈2、3一起穿上别针，右棒针沿箭头方向插入针圈4并编织下针。

② 分别把针圈2、3编织上针。

③ 右棒针沿箭头方向插入针圈1并编织下针。

④ 针法完成。

中下2上针右交叉

 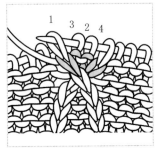

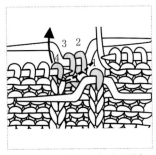 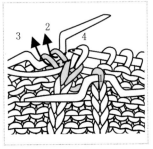 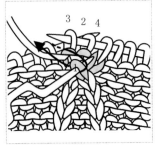

① 分别把针圈1穿上别针，针圈2、3一起穿上别针，右棒针沿箭头方向插入针圈4并编织下针。

② 分别把针圈2、3编织上针。

③ 右棒针沿箭头方向插入针圈1并编织下针。

④ 针法完成。

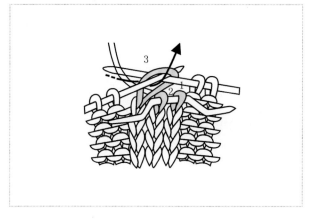

① 把针圈1、2穿上别针，右棒针沿箭头方向插入针圈3并编织下针。

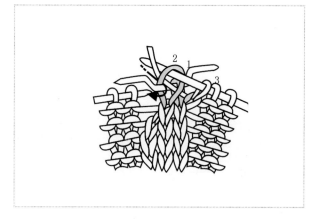

② 右棒针先插入针圈2并编织下针，并将其从别针移到右侧，取下。

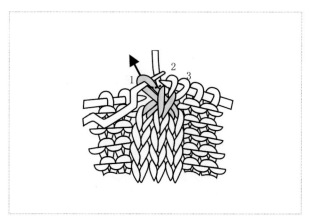

③ 沿箭头方向把针圈1编织下针。

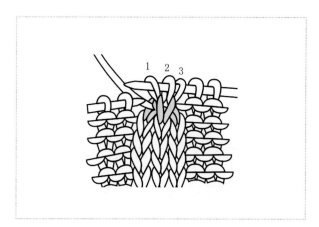

④ 针法完成。

拉针针法

上针拉针（1）

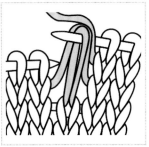

①换拿织物，从A行开始，右棒针插入左棒针上右1针圈，移到右棒针上并绕线。

②翻回正面，下一行同一针圈同样编织。

③再翻回反面，在B行将延伸两行的线圈和针圈一起编织。

④针法完成。

上针拉针（2）

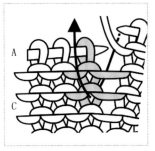

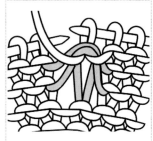

①从A行开始，右棒针沿箭头方向插入在3行下面的C行。

②在右棒针绕线拉出线圈。

③取下并松开左棒针上的第1个针圈。

④针法完成。

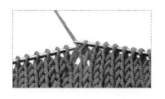

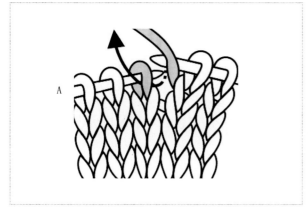

① 从A行开始，线圈放置右棒针前端，沿箭头方向插入左棒针上右1针圈并移到右棒针上。

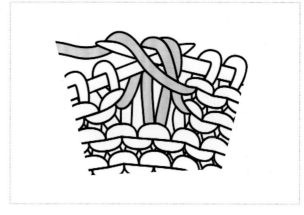

② 反面下一行同一针圈编织镂空针，并移到右棒针上。

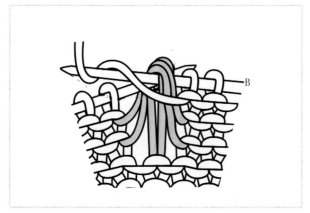

③ 延伸两行后在B行一起编织。

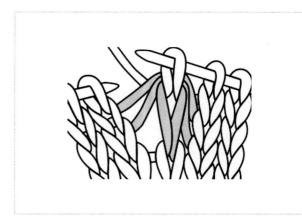

④ 针法完成。

扭针拉针

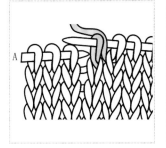

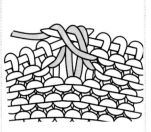

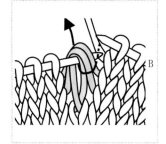

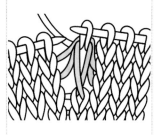

① 在A行上绕线，编织扭花针后，移到右棒针上。

② 反面下行同一针绕线，扭针不编织，移到右棒针上。

③ 在B行把延伸两行的线圈和针圈一起编织。

④ 针法完成。

外拉针

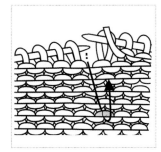

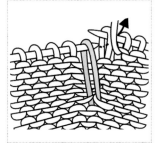

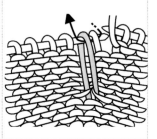

① 左棒针上第1针移到右棒针上，左棒针沿箭头方向插入所示针圈，挑起上拉。

② 把移向右棒针的针圈移回左棒针。

③ 把移回的针圈和上拉的针圈一起编织上针。

④ 针法完成。

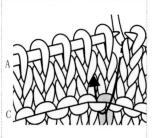 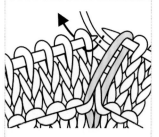 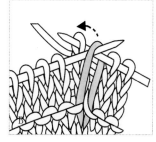 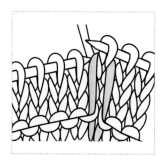

①右棒针由A行开始，沿箭头方向插入所示针圈，挑起上拉。

②平整拉出针圈，沿箭头方向插入左棒针并编织下针。

③左棒针将挑起的针圈盖过右棒针上。

④针法完成。

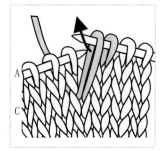 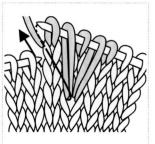 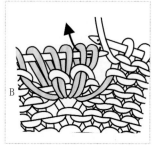 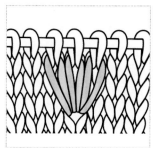

①右棒针在A行上编织1针，然后沿箭头方向在C行挑拉针圈。

②再编织1针，从同一针圈拉出第2针，然后重复1次，编织1针，拉出第3针。

③在反面B行上把上拉的针圈与左邻的两个针圈一起编织下针。

④针法完成。

左拉针

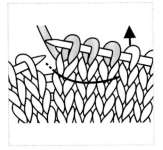

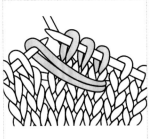

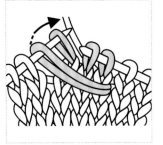

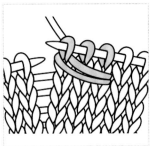

① 把左棒针沿箭头方向插入。

② 绕线并拉出环。

③ 把右棒针上左1针圈移到左棒针上，把拉出的线圈盖压过此针。

④ 把移到左棒针上的1针再移回右棒针上，左拉针编织完成。

右拉针

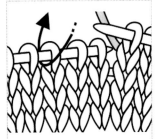

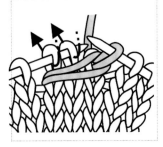

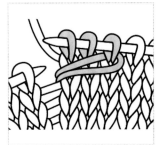

① 右棒针沿箭头方向在左棒针上插针，绕线并拉出线环。

② 把拉出的线环与左棒针上右1针圈一起编织下针。

③ 左棒针上后2针圈分别编织下针。

④ 针法完成。

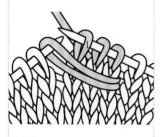

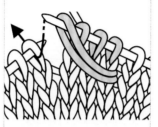

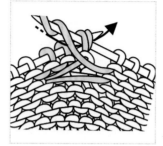

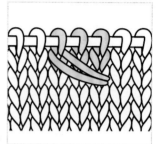

❶ 先编织3针，在3针下一行处插入左棒针，绕线并拉出线环。

❷ 把拉出的线环移到右棒针上，继续开始编织。

❸ 编织反面下一行时，把拉出的针圈与左邻针圈一起编织上针，再继续编织。

❹ 针法完成。

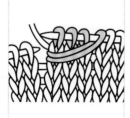

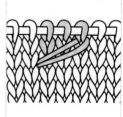

❶ 右棒针在左棒针上右3针的左侧插入，并绕线拉出线环。

❷ 继续编织下针。

❸ 编织反面下一行时，前2针编织上针，并交换第3针与拉出线圈的位置。

❹ 右棒针沿箭头方向插针，两针一起编织下针。

❺ 针法完成。

左空右套针

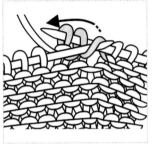

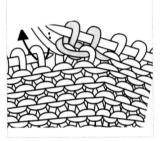

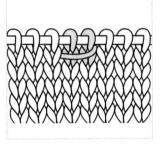

① 右棒针绕线，织一针镂空针，然后沿箭头方向分别插入针圈1、2，编织上针。

② 左棒针插入镂空针中，沿箭头方向拔出并将其压过左两针。

③ 右棒针沿箭头方向插入，编织上针。

④ 针法完成。

右空左套针

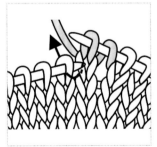

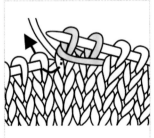

① 先编织镂空针，并沿箭头方向插入右棒针，并编织下针。

② 第2针也编织下针。

③ 左棒针插入镂空针中，拔出并将其压过左边2个针圈。

④ 针法完成。

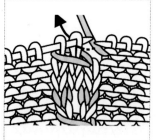

①左棒针插入右棒针的第3个针圈，沿箭头方向压过左边2个针圈。

②将右棒针前面2个针圈移到左棒针上，并沿箭头方向编织下针。

③右棒针绕线，继续编织下针。

④针法完成。

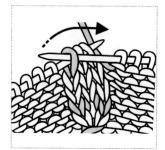
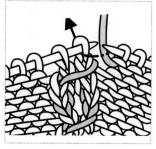

①右棒针插入左棒针上的第3个针圈，并沿箭头方向压过右边2个针圈。

②右棒针沿箭头方向绕线编织下针。

③绕线编织镂空针，再编织下针。

④针法完成。

镂空针

穿左滑针

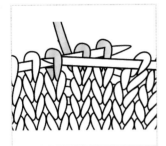 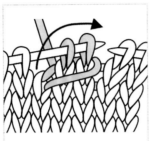  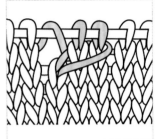

❶先编织完后面2个针圈，再如图把2个针圈移到左棒针上，接着将右棒针插入第3个针圈。

❷把第3个针圈拔出，并沿箭头方向压过右边2个针圈。

❸把这2个针圈再移到右棒针，接着编织1针镂空针，然后继续编织。

❹针法完成。

穿右滑针

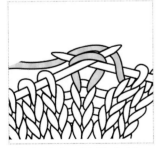 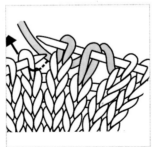 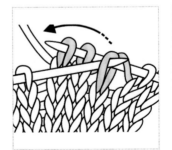 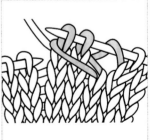

❶先编织1针镂空针，然后改变左棒针第1个针圈的方向，将其移到右棒针上。

❷接下来编织2针下针。

❸右棒针插入左棒针针圈，并沿箭头方向压过左边2针圈。

❹针法完成。

Part 3

编织常用技法

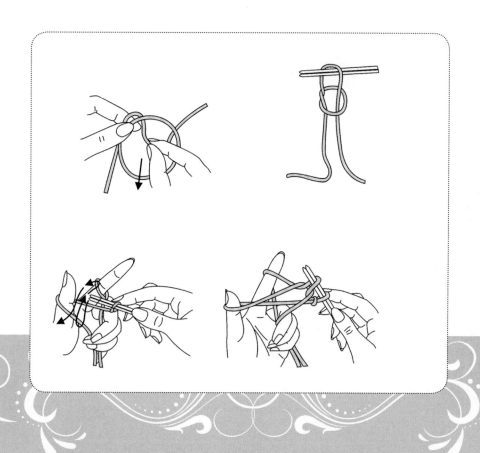

直接编织起针法

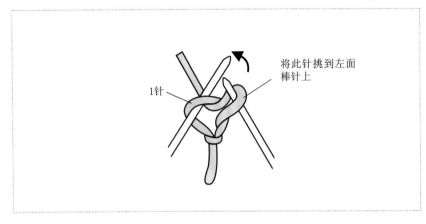

① 先把线打结，再左手拿棒针插入结中，右手拿棒针直接从图示的环内挑线。

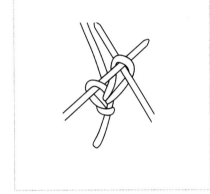

② 把挑出的线挂在左棒针上。

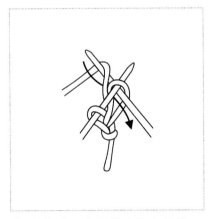

③ 右棒针再次沿箭头方向挑线。

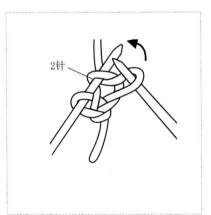

④ 把其挂在左棒针上。

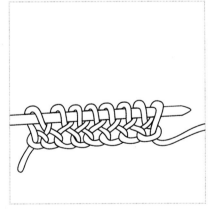

⑤ 依次重复以上步骤即可。

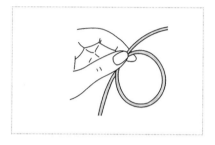

① 把线如图做一个环。

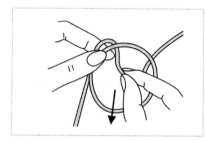

② 把线头穿入环中。

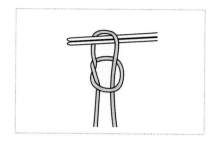

③ 穿上2根棒针，把线头拉紧，完成第1针。

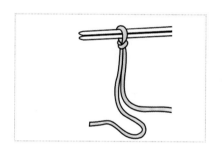

④ 拉紧后如图示。

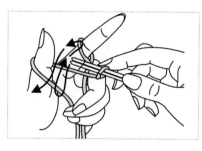

⑤ 把短线挂在左后的拇指上，长线挂在左后的食指上，沿箭头方向运针。

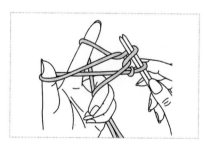

⑥ 取下拇指中的线。

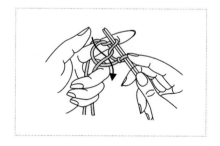

⑦ 左手拇指沿箭头方向插入，以拉紧线头。

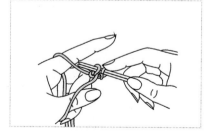

⑧ 第2针完成。

⑨ 重复步骤5、6、7继续编织。

单螺纹手指绕线起针法

① 留出合适长度的线头，并沿箭头方向把线挑起。

② 沿箭头方向依次挑针。

③ 第3针是上针。重复步骤2、3，最后以步骤2做结束。

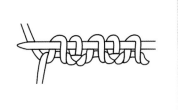

④ 一直重复起针，织完第一行。

⑤ 把右端的1针移到右棒针，接着织下针。

⑥ 重复交互地编织1针浮针、1针下针至左端。

⑦ 把织物翻面，第一针做浮针，重复交互地编织1针浮针、1针下针。

⑧ 重复编织。

⑨ 最后的1针编织上针。

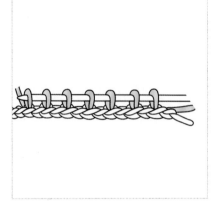

① 在别线辫子针上多织出5针，用棒针从辫子针的里圈每隔1针挑针。

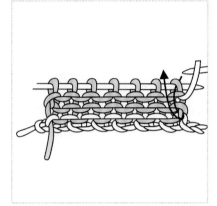

② 织好第2行后，右针沿箭头方向穿入边针和边针渡线，一起编织下针。

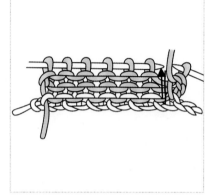

③ 棒针沿箭头方向插入渡线并挑针编织上针。

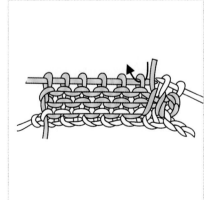

④ 接着编织一针下针。

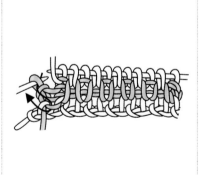

⑤ 重复步骤3、4，最后1针和渡线用棒针一起挑针织上针。

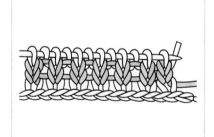

⑥ 第2行编织完成。

双螺纹手指绕线起针法

①沿箭头方向做上针。

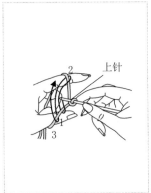

②沿箭头方向做下针。

③第3针为上针。

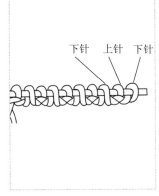

下针　上针　下针

④重复步骤2、3继续编织。

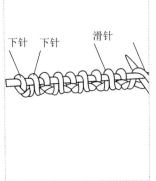

下针　下针　　　滑针

⑤编织第2行要翻转织物，并在棒针上绕线，在下针圈处进行下针编织，最后2针编织下针。

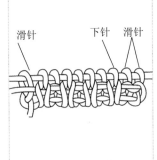

滑针　　　下针　滑针

⑥再次换手，第1、2针圈跳过不编织，其余的在下针圈处进行下针编织，上针圈处不编织。

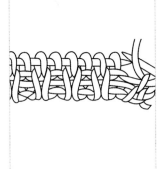

⑦再次换手，并转变成2针上针、2针下针交替编织。

⑧起针结束。

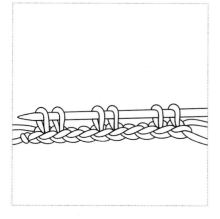

❶先编织一段辫子针，再用新线编织一行上针。

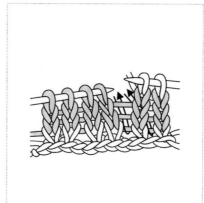

❷编织4行上针。

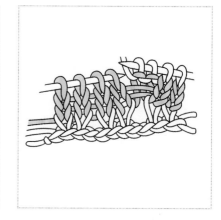

❸按步骤2箭头挑线后，连续编织2个下针。

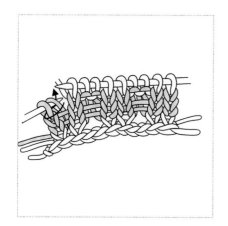

❹编织到最后2针的时候，一起编织下针。

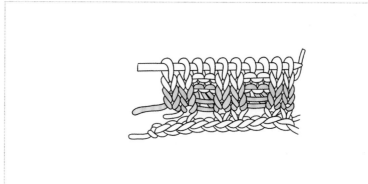

❺取出别线的辫子针，完成。

环状编织起针法

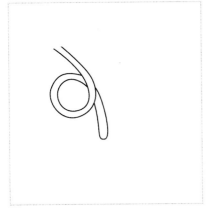

① 如图把线弯成一个环。

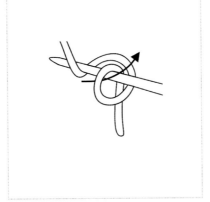

② 右手拿棒针，插入环中。

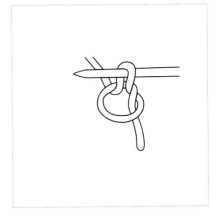

③ 按步骤2箭头方向挑线。

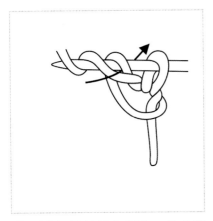

④ 再次把棒针插入环中，并在棒针上绕线。

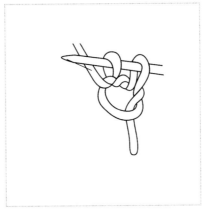

⑤ 按步骤4箭头方向挑线拉出。

⑥ 重复步骤2、3，直到起针到要求的即可。

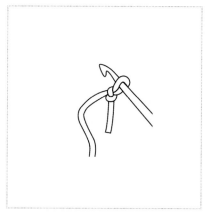

❶把线打活结，套在钩针上。

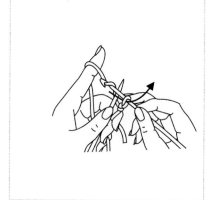

❷绕线到棒针的后面。

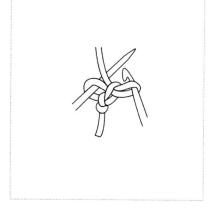

❸钩针按步骤2箭头方向钩出线。

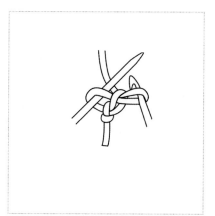

❹继续把线绕在棒针上，用钩针
　钩出线，完成第2针。

❺重复步骤4做法。

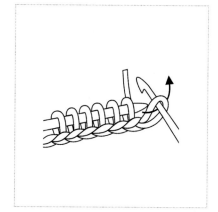

❻钩织出所需针数即可。

钩针辫子条起针法

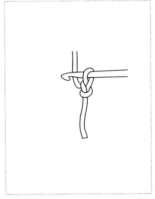

最后1针　　开始第1针

① 如图，左手拿线，右手拿钩针，把线绕成圈，挂在钩针上。

② 用手指抓住线头，钩针按图示箭头钩线。

③ 把线端拉紧。

④ 如步骤2一样，继续钩织出所需的一段。

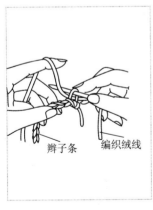

辫子条　　编织绒线

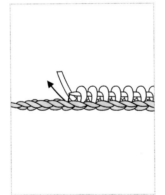

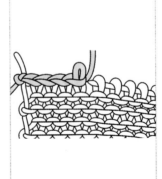

10 9 8 7 6 5 4 3 2 1针
（正）

⑤ 用棒针穿入辫子针的针圈，挂上原线后往下个针圈里挑出。

⑥ 从每个辫子针的里圈挑出1针，如图示。

⑦ 然后进行下、上针交替编织，再解开辫子针，并穿入棒针。

⑧ 针法完成。

❶左手拿线，右手拿棒针，沿箭头方向把线挑起。

❷沿箭头方向把棒针从拇指端的内侧穿出而挑线。

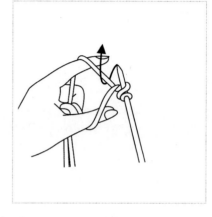

❸棒针从食指端上侧穿出并沿箭头方向挑线。

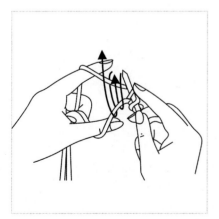

❹重复步骤2做法，挑新的1针。

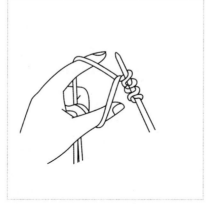

❺重复步骤3、4一直起针。

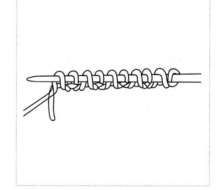

❻直到起针到所需针数即可。

。编织挑针技法

直线挑针

手指绕线起针端的挑针

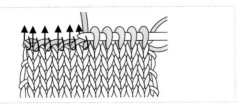

❶下针编织的挑针：织物正面朝上，从起针行相反的方向，从右到左挑针。

❷上针编织的挑针：织物正面朝下，从起针行相同的方向，从右到左挑针。

别线辫子起针端的挑针

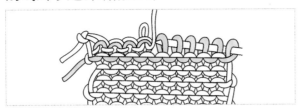

❶往回穿过下织物的2个针圈。

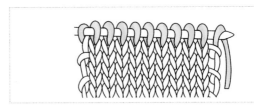

❷在最后的时候把2针并1针编织。

休针收口端的挑针

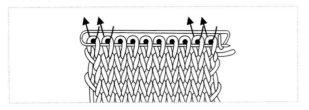

❶休针收口端先用防解别针如图串起。

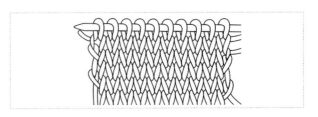

❷从防解别针上把线圈一个接一个地套在棒针上即可。

别线辫子条收口端的挑针

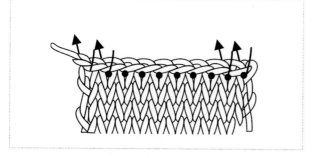

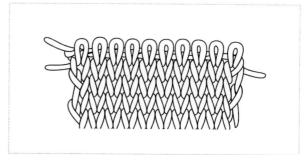

❶ 如果编织物要保留辫子条，只需在辫子条下的针圈处挑出针圈。

❷ 挑针完成。

下针编织行挑针织下针

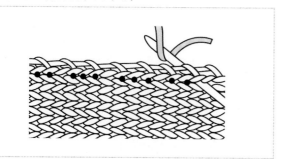

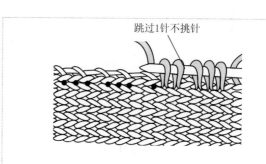

跳过1针不挑针

❶ 把织物正面朝上，把线从针圈的内侧用棒针挑出。

❷ 每挑出3针后空出1针不挑。

上针编织行挑针织上针

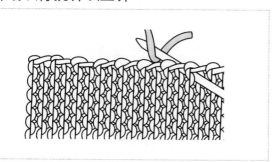

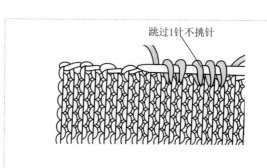

跳过1针不挑针

❶ 把织物正面朝下，把线从针圈的内侧用棒针挑出。

❷ 每挑出3针后空出1针不挑。

斜线挑针

上针编织的斜线挑针织螺纹针

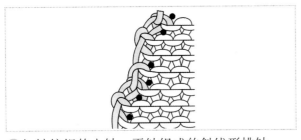

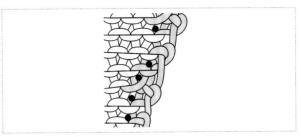

① 加针编织的上针、平针组成的斜线形挑针一般采用图示的挑5针、空1针的挑针循环。

② 减针编织的上针、平针组成的斜线形挑针一般采用图示的挑5针、空1针的挑针循环。

下针编织的斜线挑针织螺纹针

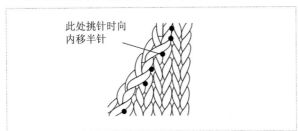

此处挑针时向内移半针

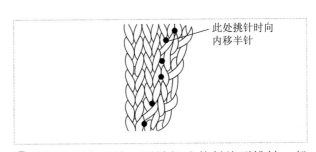

此处挑针时向内移半针

① 加针编织的下针、平针组成的斜线形挑针一般采用图示的挑5针、空1针的挑针循环。

② 减针编织的下针、平针组成的斜线形挑针一般采用图示的挑5针、空1针的挑针循环。

起伏针编织的斜线形挑针织螺纹针

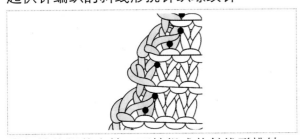

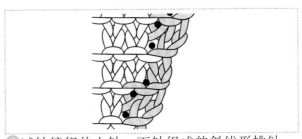

① 加针编织的上针、下针组成的斜线形挑针一般采用图示的挑4针、空1针的挑针循环。

② 减针编织的上针、下针组成的斜线形挑针一般采用图示的挑4针、空1针的挑针循环。

加针形成的曲线挑针

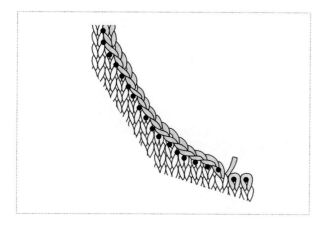

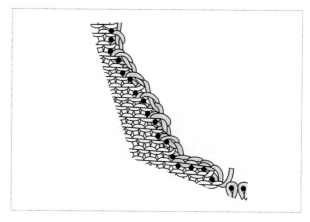

❶ 加针形成的弧线由于挑针之后的编织方法不同，挑针也有差异，但是挑针位置不变，都是在半针的内侧挑针。图示为正面编织的曲线挑针。

❷ 图示为反面编织的曲线挑针。

减针形成的弧线挑针

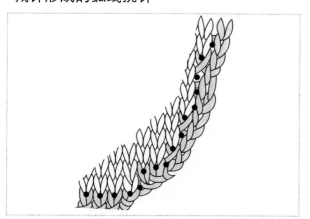

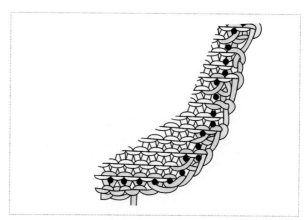

❶ 减针形成的弧线由于挑针之后的编织方法不同，挑针也有差异，但挑针位置不变，都是在半针的内侧挑针。图示为正面编织的弧线挑针。

❷ 图示为反面编织的曲线挑针。

○ 编织收针技法

上针引拔收针法

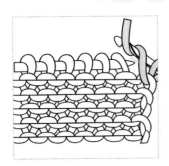 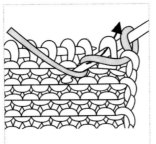 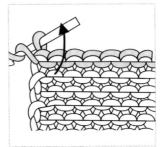 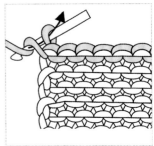

① 钩针绕线，沿箭头方 向拉出。

② 钩针穿入针圈绕线，沿箭头方向拉出。

③ 钩针穿入下一个针圈绕线，沿箭头方向拉出。

④ 最后的针圈，穿线拉紧。

下针引拔收针法

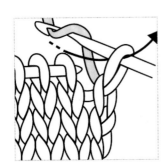 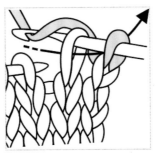 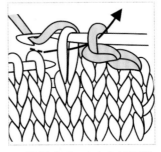 

① 钩针绕线，沿箭头方 向拉出。

② 钩针穿入针圈绕线，沿箭头方向拉出。

③ 钩针穿入下一个针圈绕线，沿箭头方向拉出。

④ 最后的针圈，穿线拉紧。

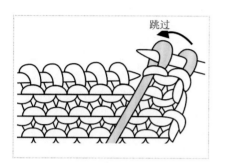

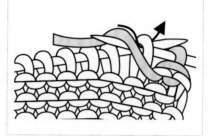

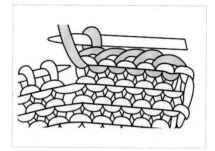

① 右端先编织2针。

② 右棒针插入左棒针的针圈里，并在右棒针上绕线，沿箭头方向拉出。

③ 用同一针法，编织下一针，直到最后的针圈，穿线拉紧。

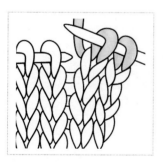

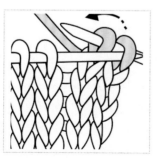

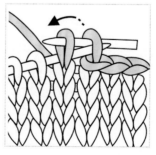

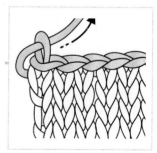

① 右端编织2针。

② 左棒针插入右棒针的第1个针圈，沿箭头方向压过第2针圈。

③ 用同一针法，编织下一针。

④ 最后的针圈，穿线拉紧。

单螺纹针引拔收针法

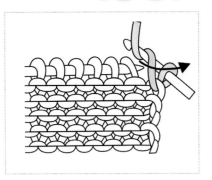

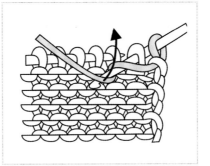

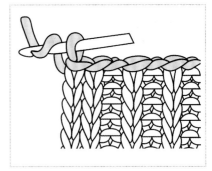

①钩针穿入针圈绕线，沿箭头方向拉出。

②钩针再次穿入针圈绕线，沿箭头方向拉出。

③一直钩线到最后的针圈，穿线拉紧。

单螺纹针套收针法

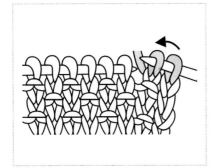

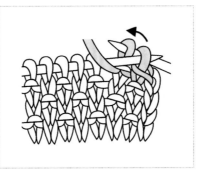

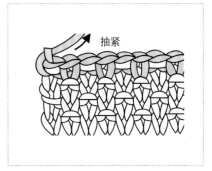

①右端编织2针。

②用左棒针插入右棒针右边第2个针圈，将其拉到第1个针圈前并拉出环。

③用同一针法编织下一针，直到最后的针圈，穿线拉紧。

穿入所有针圈拉紧

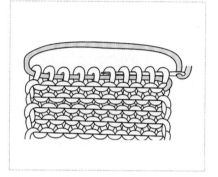

①把线穿入缝衣针，穿过全部针圈。

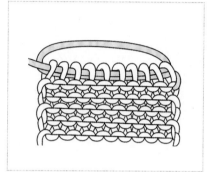

②再从头把线用缝衣针穿过全部针圈。

③把线拉紧。

每隔1针穿入绕线1圈拉紧

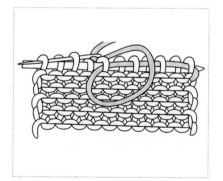

①把线穿入缝衣针，每隔1针针圈插入缝衣针。

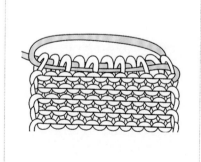

②再从头把线用缝衣针穿过另外那些没有穿线的针圈。

③把线拉紧。

上针卷缝收针法

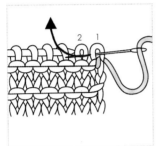 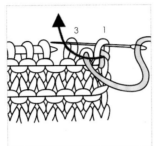 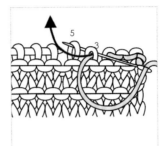 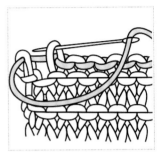

① 把线穿入缝衣针，沿箭头方向从第1、2针圈插入。

② 把线拉紧，沿箭头方向从第1、3针圈插入。

③ 把线拉紧，沿箭头方向从第3、5针圈插入。

④ 以同样的方法继续编织，直到最后。

下针卷缝收针法

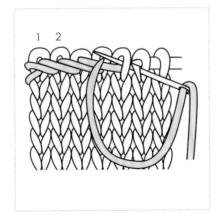 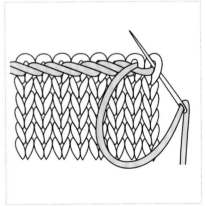

① 把线穿入缝衣针，沿箭头方向插入。

② 再绕过第1针圈，从第2针圈进去，第1针圈的背面出来。

③ 以同样的方法继续编织，直到最后。

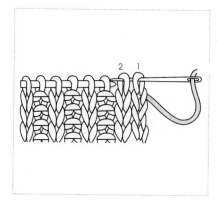

① 从第1个针圈的前面插针，从第2个针圈的前面出来。

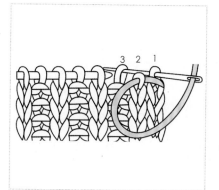

② 再从第1个针圈的前面插针，从第3个针圈的前面出来。

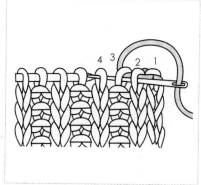

③ 从第2个针圈的前面插针，从第4个针圈的前面出来。

④ 从第3个针圈的前面插针，从第5个针圈的前面出来。

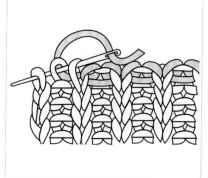

⑤ 重复上述步骤，继续编织。

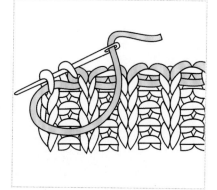

⑥ 结束收针时，把线端藏好即可。

边针2针双螺纹编收针法

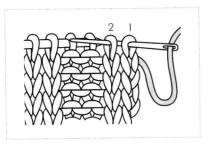

① 从第1个针圈的前面插针，从第2个针圈的前面出来。

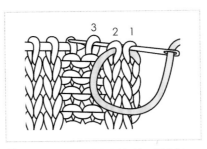

② 再从第1个针圈的前面插针，从第3个针圈的前面出来。

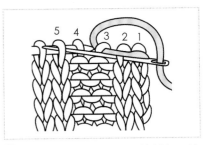

③ 从第2个针圈的前面插针，从第5个针圈的前面出来。

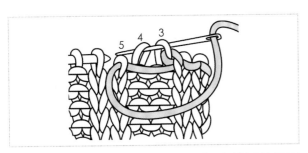

④ 从第3个针圈的前面插针，从第4个针圈的前面出来。

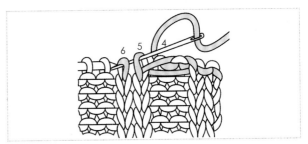

⑤ 从第5个针圈的前面插针，从第6个针圈的前面出来。

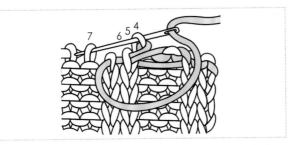

⑥ 从第4个针圈的前面插针，从第7个针圈的前面出来。

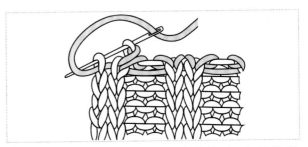

⑦ 重复以上步骤继续编织，结束收针时，把线端藏好即可。

圆形单螺纹编收针法

❶从第1个针圈的前面插针，从第2个针圈的前面出来。

❷再从第1个针圈的前面插针，从第3个针圈的前面出来。

❸从第2个针圈的前面插针，从第4个针圈的前面出来。

❹从第3个针圈的前面插针，从第5个针圈的前面出来。

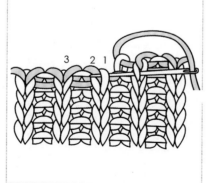

❺重复上述步骤，继续编织。

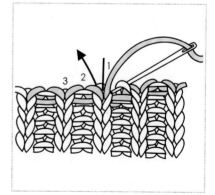

❻结束收针时，把线端藏好即可。

圆形双螺纹编收针法

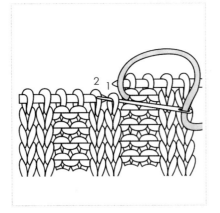

❶ 从第1个针圈的前面插针。

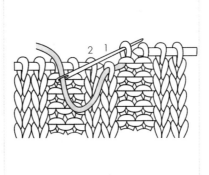

❷ 往回从前一针圈入针。

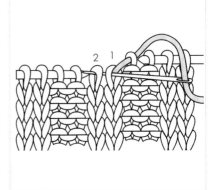

❸ 从第1个针圈的前面插针，从第2个针圈的前面出来。

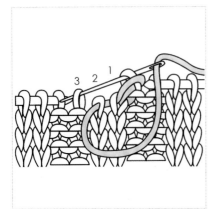

❹ 从第1个针圈的前面插针，从第3个针圈的前面出来。

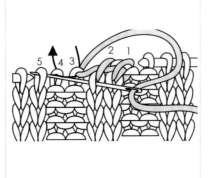

❺ 从第2、第5个针圈的前面插针，从第3、第4个针圈的前面出来。

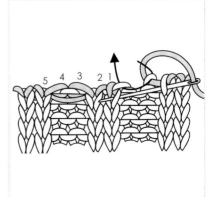

❻ 重复上述步骤继续编织，结束收针时，把线端藏好即可。

织物拼接技法。

上针织物拼接

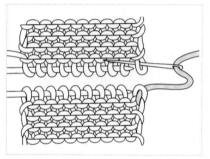
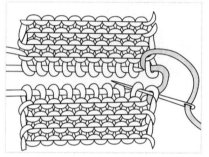
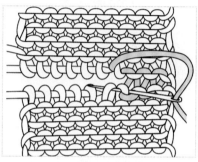

① 缝衣针分别从上、下2针圈的正面入针。

② 缝衣针往回从下针圈穿过2个针圈。

③ 重复上述步骤继续缝接，结束收针时，把线拉紧。

下针织物拼接（1）

拉紧缝线拼接法

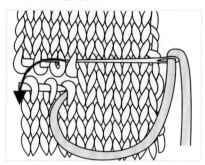
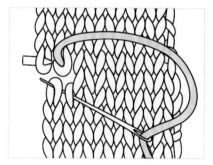
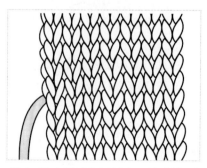

① 由正面沿箭头方向插针缝合。

② 由正面沿箭头方向插针缝合。

③ 把缝衣针穿过针圈，结束收针时把线拉紧。

下针织物拼接（2）

缝1行下针拼接法

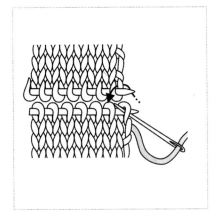

① 由正面沿箭头方向插针缝合。

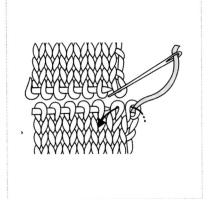

② 沿箭头方向穿针。

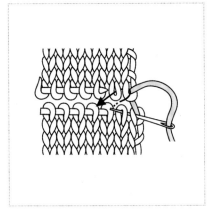

③ 把缝衣针如图箭头方向穿过针圈。

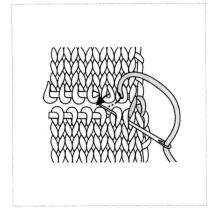

④ 沿箭头方向把缝衣针穿过针圈。

⑤ 重复步骤3、4继续编织。

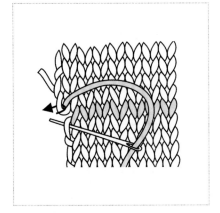

⑥ 结束收针时把线拉紧。

针圈与套针拼接法

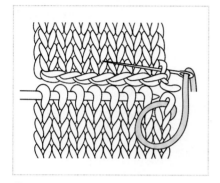

❶缝衣针从上、下2针圈反面分别入针。

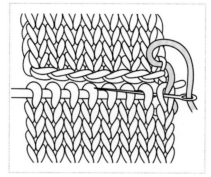

❷把缝衣针穿过针圈。

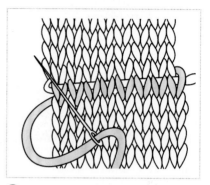

❸重复上述步骤继续缝接，结束收针时把线拉紧。

起伏织物拼接

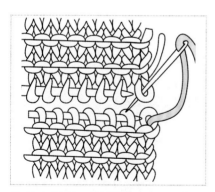

❶缝衣针从下针圈的反面入针，从上针圈的正面入针。

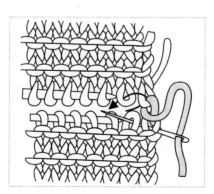

❷缝衣针往回从下针圈穿过2个针圈。

❸重复上述步骤继续缝接，结束收针时把线拉紧。

单螺纹针织物拼接

无伸缩性拼接法

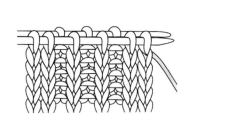

①把两片织物对齐。

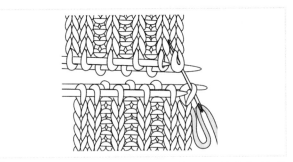

②缝衣针从下织物的针圈反面穿入，从上织物的针圈正面穿出。

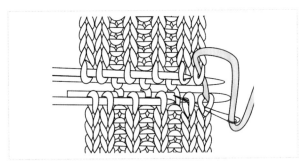

③往回穿过下织物的2个针圈。

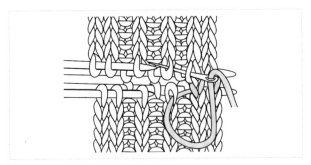

④把缝衣针穿过上织物的2个针圈针圈。

⑤重复以上步骤继续编织。

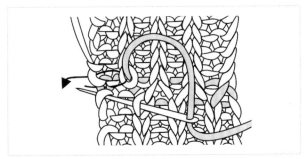

⑥结束收针时，把线拉紧。

有伸缩性拼接法

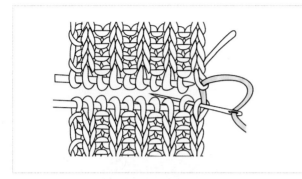

① 把两片织物对齐，缝衣针从下织物的针圈反面穿上，从上织物的针圈正面穿出后，缝衣针穿过下织物首2个针圈。

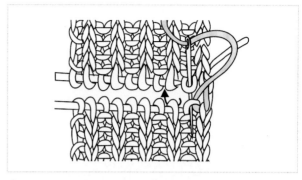

② 缝衣针穿过上下两织物的2个针圈。

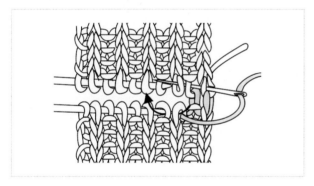

③ 缝衣针穿过上织物的2个针圈。

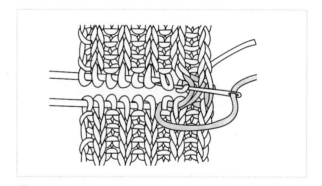

④ 按步骤3箭头方向穿过缝衣针，并右折从上织物针圈穿过。

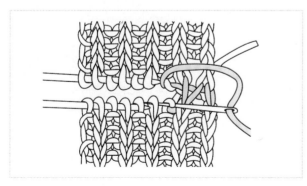

⑤ 重复以上步骤继续缝接。

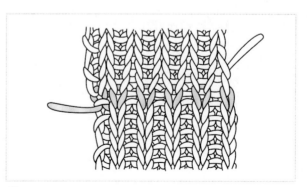

⑥ 结束收针时把线拉紧。

双螺纹针织物拼接

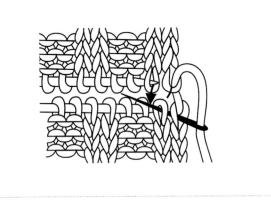

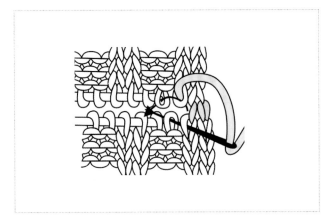

① 缝衣针从下织物的针圈反面穿入，从上织物的针圈正面穿出，并往回穿过下织物的2个针圈。

② 按步骤1箭头方向穿针。

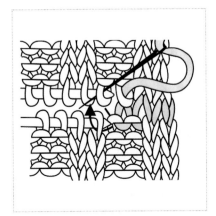

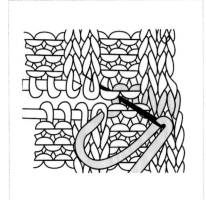

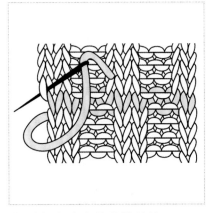

③ 按步骤2箭头方向穿针。

④ 按步骤3箭头方向穿针。

⑤ 重复上述步骤继续缝接。

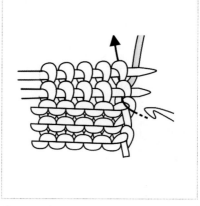

① 把织物正面对齐, 将钩针沿箭头方向穿入。

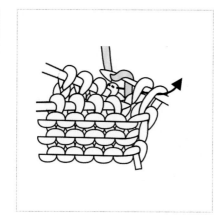

② 在钩针上绕线。

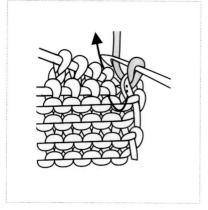

③ 按步骤2箭头方向拉出钩针。

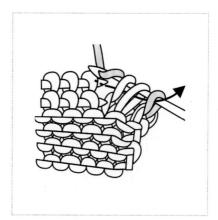

④ 重复步骤1、2、3。

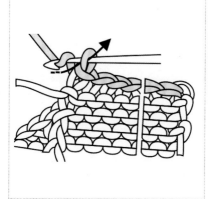

⑤ 最后多次引拔后把线剪断。

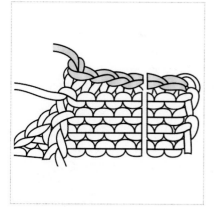

⑥ 拉进线端即可。

织物缝合技法

上针1针内侧每次一行缝合法

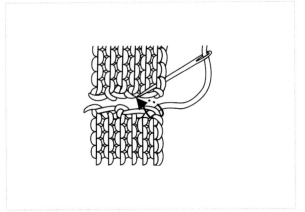

❶沿箭头方向挑线。

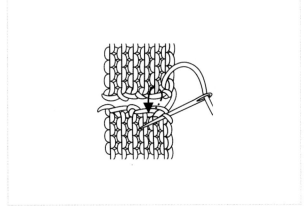

❷挑第1针和第2针之间的渡线。

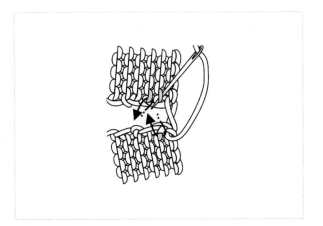

❸沿箭头方向挑线。

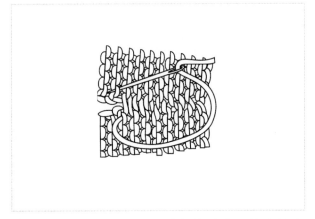

❹重复上述步骤，对应两片织物缝合，缝合线为隐形状态。

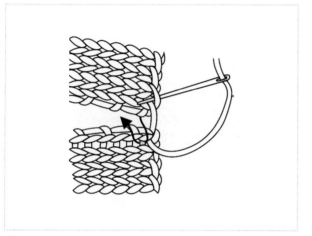

❶缝衣针从下织物穿上，由上织物第1针圈穿出后，沿箭头方向挑线。

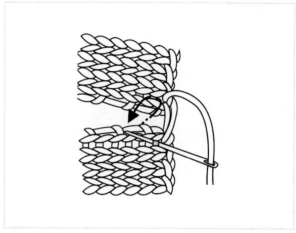

❷挑第1针和第2针之间的渡线。

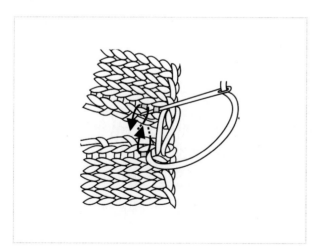

❸沿箭头方向挑线。

❹重复上述步骤，对应两片织物缝合，缝合线为隐形状态。

单螺纹针1针内侧每次一行缝合法

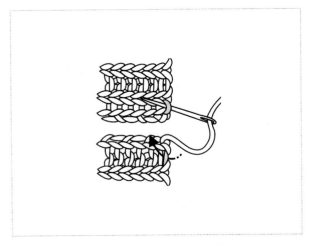

① 缝衣针从下织物穿上，由上织物第1针圈穿出后，沿箭头方向挑线。

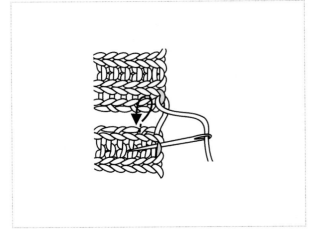

② 沿箭头方向挑起渡线。

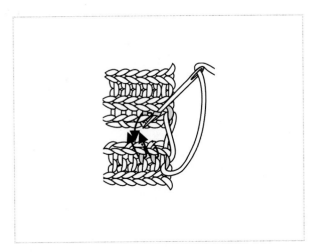

③ 交替挑起渡线。

④ 第5、第6行拉线为隐形状态。

单螺纹针半针内侧每次一行缝合法

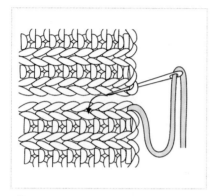

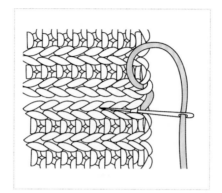

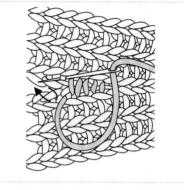

❶把缝衣针沿箭头方向从辫子针里圈穿入。

❷把缝衣针隐线缝好。

❸依此类推，一直缝到最后。

双螺纹针半针内侧每次一行缝合法

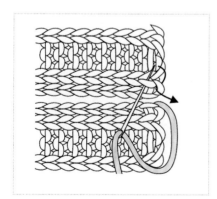

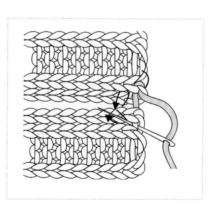

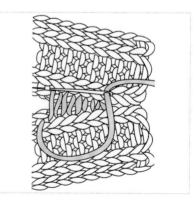

❶把缝衣针沿箭头方向从辫子针里圈穿入。

❷把缝衣针隐线缝好。

❸依此类推，一直缝到最后。

单螺纹针半针内侧U字缝合法

① 把缝衣针从图示的辫子针里圈穿入。

② 把缝衣针从两织物的图示的辫子针里圈穿入。

③ 重复步骤2，上下交替缝接。

起伏针半针内侧缝合法

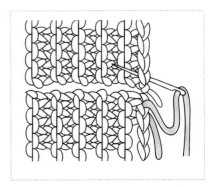 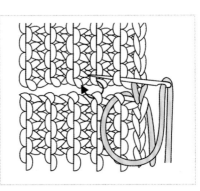 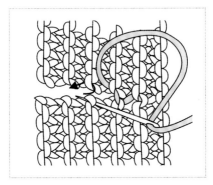

① 把缝衣针从图示的辫子针里圈穿入。

② 在织物的内侧穿入缝衣针。

③ 重复步骤2，上下交替缝接。

上针的对针缝合法

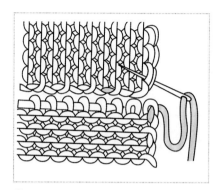

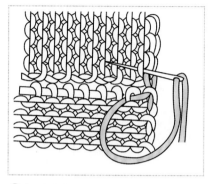

①把一个织物的行和另一个织物的针圈相对对齐。

②把缝衣针从行的织物的辫子针的里圈和另一织物的针圈穿过。

③重复步骤2，上下交替缝接。

下针的对针缝合法

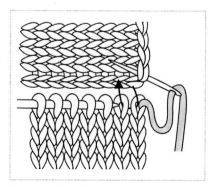

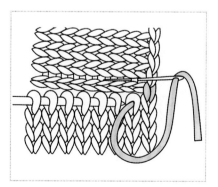

①把一个织物的行和另一个织物的针圈相对对齐。

②把缝衣针从行的织物的辫子针的里圈和另一织物的针圈穿过。

③重复步骤2，上下交替缝接。

每一行回针缝合法

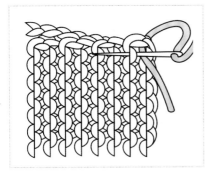

①把两织物对齐放置。

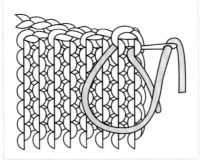

②用缝衣针先穿过1个针圈，然后回1针再穿过2个针圈。

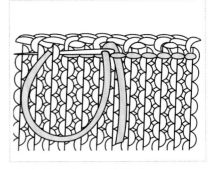

③依此类推，继续缝合。

每两行回针缝合法

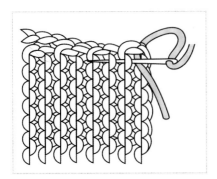

①把两织物对齐放置。

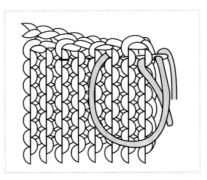

②用缝衣针先穿过2个针圈，然后回2针再穿过4个针圈。

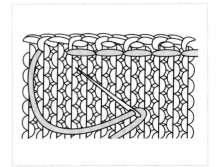

③依此类推，继续缝合。

Part4

织物整理和修饰

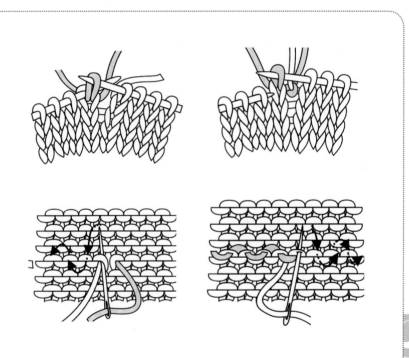

○ 接线方法

平结接线法

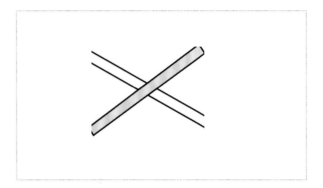

① 两线交叉放置。

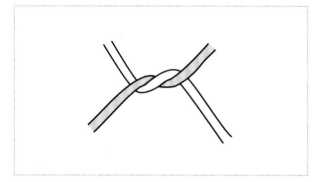

② 两线端交互缠绕，如图示。

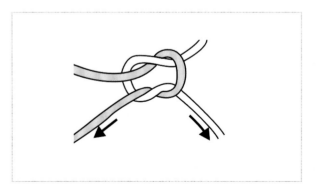

③ 抓住两线端绑一个结。

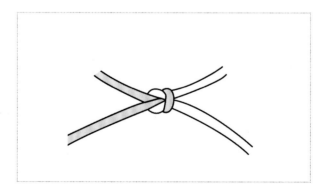

④ 各自拉紧线的两端即可。

套结接线法

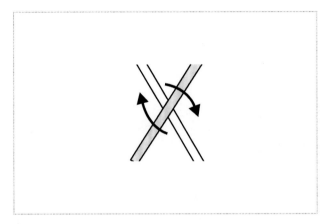

❶ 把两线交叉放置。

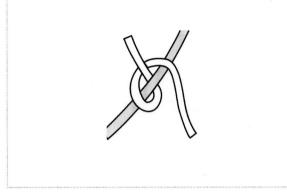

❷ 把压在底下的线如图向下向内折。

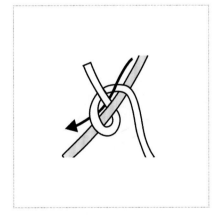

❸ 向下向内折的线端，如图从环上穿过。

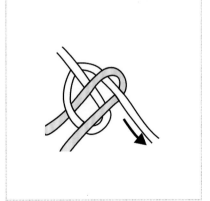

❹ 另一线端如步骤3箭头方向所示，穿过环中。

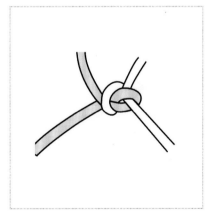

❺ 各自拉紧线的两端即可。

双套结接线法

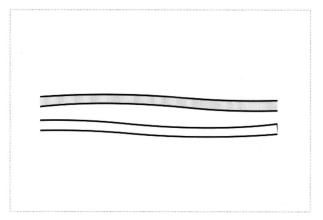

① 把两线平行放置，两线头相对。

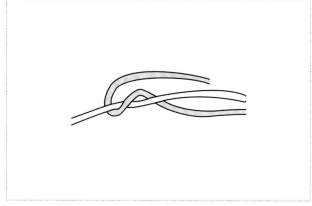

② 一根线从上网下绕过另一根线，如图示。

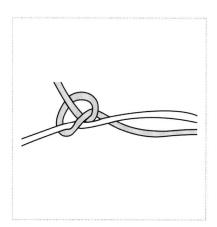

③ 再绕过自己从上往下穿出，绑一个结。

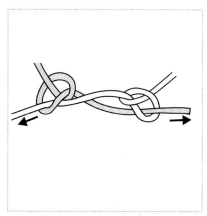

④ 另一线如步骤2、3一样的做法。

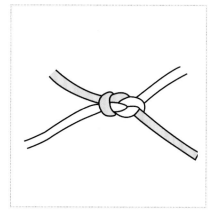

⑤ 各自拉紧线的两端即可。

用新线编织

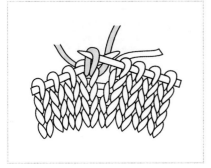

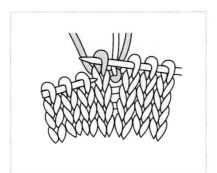

① 把线头留出1小段，用新线接着编织。

② 把线头轻轻打结。

③ 编织几行后，换拿织物把线头的结解开，把右边的线头穿入左边针脚。

线头打结后编织

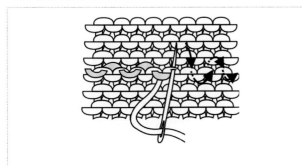

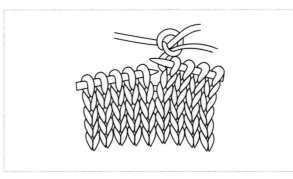

① 把左边的线头穿入右边针脚。

② 新线在原线上绑一个活结，再继续编织。

两端换线

用新线编织

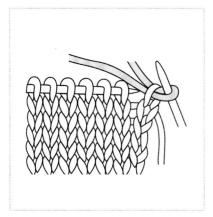

① 新线留出1小段后开始编织。

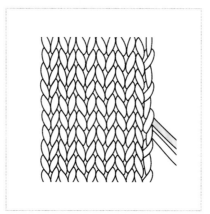

② 两根线头放在一起。

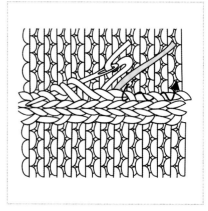

③ 把两根线头绕于缝合边上隐藏。

线头打结后编织

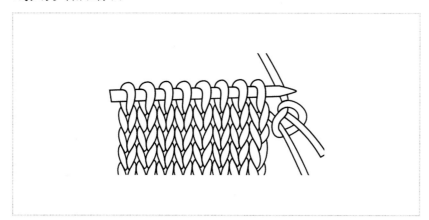

① 新线在原线上绑一个活结。

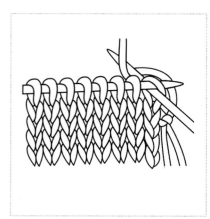

② 插入棒针继续编织。

补线方法 ◦

缝合线的补线

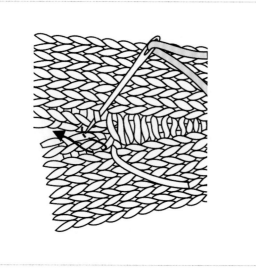

❶新线留出1小段后开始编织。

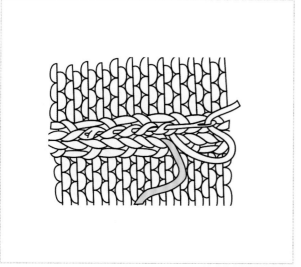

❷把线头从反面拉出绕在缝合边上隐藏。

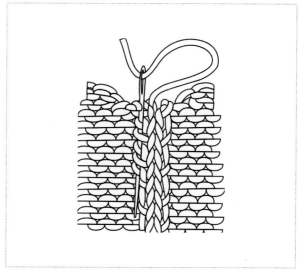

❸缝合后的线头藏于边针圈中。

收口线的补线

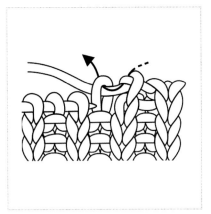

①沿箭头方向穿入新线。

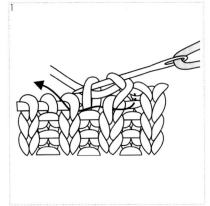

②沿箭头方向穿过缝衣针。

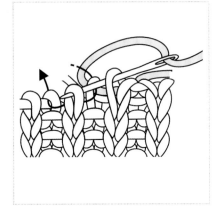

③重复以上步骤，沿箭头方向穿过缝衣针。

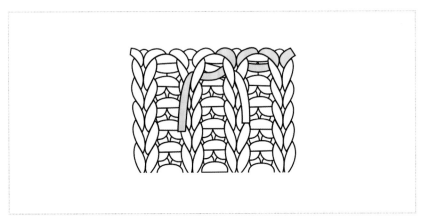

④两根线头留在反面。

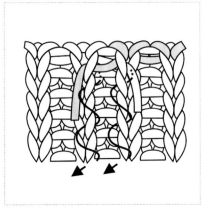

⑤把线端沿箭头方向穿针隐藏。

衣袋编织和缝合

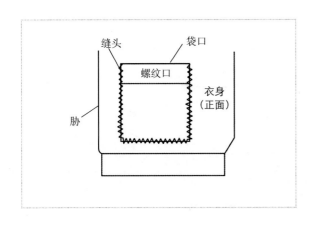

贴袋是一种事先编织好、具有一定的大小和形状的袋片，可任意缝贴在所需部位的衣袋。贴袋具有很强的装饰性，所以颜色和形状都有很强的创造性，可供大家自由发挥。

有盖袋是一种衣袋的款式，贴袋、横插袋和斜插袋均可加袋盖而成为有盖袋。袋盖可单独起针编织后缝合在衣身的袋口处，也可在衣身袋口处挑针编织后形成。对于插袋和斜插袋，如需装袋盖，一般不需编织袋口边而在衣身的袋口处直接进行收针处理后缝合或编织袋盖。

衣袋盖编织

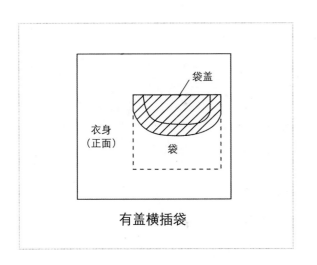

有盖横插袋

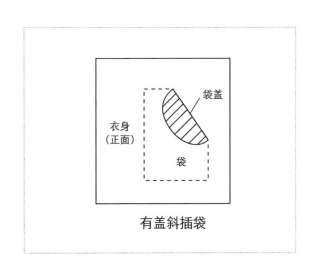

有盖斜插袋

贴身横插袋编织

横插袋指衣物上沿着衣片线圈横列方向开袋口的插袋样式。横插袋可有两种，一种叫贴身横插袋，如图1所示，衣袋由衣身和袋片形成；另一种叫绅士横插袋，如图2所示，衣袋完全由袋片形成。

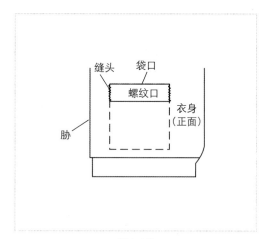

横插袋

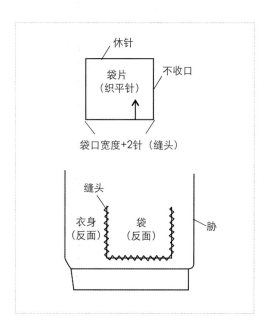

图1 贴身横插袋

贴身横插袋的制作步骤：

① 根据所需，先编织一块不作收口处理的袋片。

② 编织衣身时，在所对应的部位留出袋1:3宽度的针数。

③ 把袋片置于衣身反面的对应处，并与衣身合在一起进行编织。

④ 把步骤2中留出作为袋口的线圈挑起，纵条编织上下针，编织时两侧各加1针，以作为缝头，编织后进行收口。

⑤ 将袋片和衣身缝合，通常缝合使用较细的绒线，并且不能在衣身的正面留下缝合痕迹。

⑥ 把步骤4中编织的螺纹形袋口边两侧多编织的1针处与衣身缝合。

绅士横插袋的制作步骤：

① 根据所需，编织一块袋片。

② 编织衣身至袋口位置，在对应部位留出与袋口宽度一致的针数。

③ 把袋片在长度方向对折形成袋状，置于衣身后衣袋位置，并把袋片两侧最外1针分别与衣身袋口两侧的1针进行2针并1针的并合编织。

④ 把对折的袋片靠近衣身的一片与衣身袋口一起编织上下针纵条组织，编织时，在两侧还需增加1针，以作为缝头。

⑤ 把对折袋片的另一片作为衣身的一部分，与衣身一起编织，直至衣身编织结束。

⑥ 把袋片两侧缝合，并把衣袋固定在衣身上。

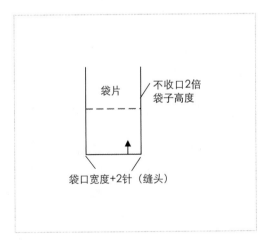
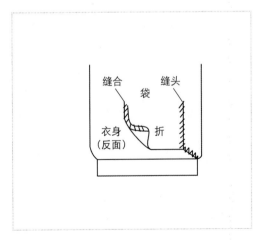

图2 绅士横插袋

竖插袋编织

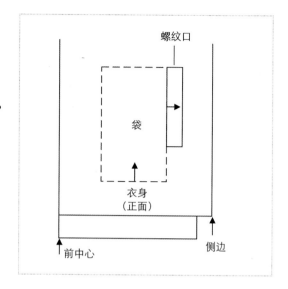

竖插袋指沿着衣片线圈纵行方向开袋口的插袋样式。

① 衣身编织到袋口下边缘的地方，对衣身的袋边及袋口部分进行休针编织，其他部分照常编织至袋口的上边缘高端。

② 把编织好的袋片放在衣身后面对应的衣袋位置。

③ 对步骤1中进行休针编织的衣身部分与袋片一起编织。

④ 在衣身上留出的沿线圈纵行的袋口进行逐针挑起编织，直至袋口边编织完毕，并进行收针处理。

斜插袋编织

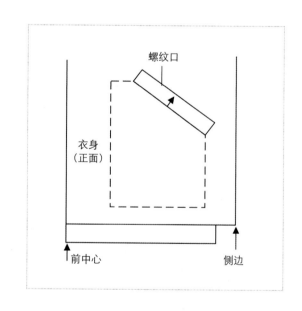

斜插袋指在衣身上开有斜线形袋口的插袋款式。

① 衣身编织到袋口下边缘地方，对衣身的袋边及袋口部分进行休针编织，然后对衣身的其他部分进行回针法编织，一边编织，一边在袋口一侧进行收针，直至袋口的上端高度。这样收针的一侧就能形成斜线形的袋口。

② 把步骤1编织的袋片置于衣身后面对应的衣袋位置，并把休针的部分与袋片一起编织。

③ 把步骤2中编织到袋口上端高度的部分与步骤2中所编织到袋口上端高度的部分合二为一进行编织，重叠处2个线圈合并为1个线圈，直至衣身编织结束。

④ 在斜线形袋口处进行斜线状逐针挑起线圈编织袋口边，编织结束后收针。

扣眼做法和纽扣缝法。

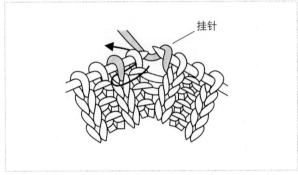

① 右棒针绕线并沿箭头方向插入。

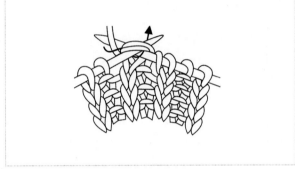

② 右棒针沿箭头方向进行2针并1针编织。

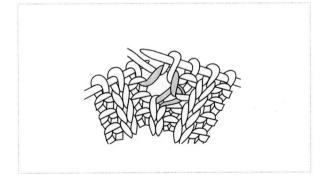

③ 翻回反面，把所挂针圈挑起编织。

④ 扣眼完成。

双空针形扣眼

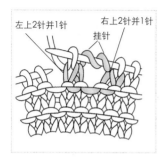

左上2针并1针　右上2针并1针
挂针

① 先进行右上2针并1针的收针，再在右棒针上连续挂2针，然后进行左上2针并1针的收针。

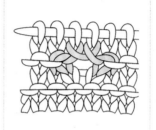

扭针编织下针

② 翻回反面，右棒针在前一横列挂针处，沿箭头方向分别采用扭针法编织2针下针。

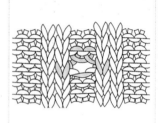

③ 在1+1单螺纹针组织上的一个双空针形扣眼完成。

④ 2+2单螺纹针织物上的一个双空针形扣眼与1+1单螺纹针组织上的一个双空针形扣眼类似。

多空针形扣眼

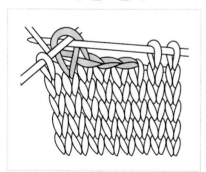

① 如图收4针。

套圈

② 翻回反面，右棒针在前一横列收针处，采用加针法加4针。

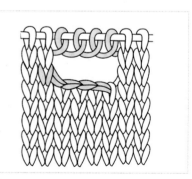

③ 再换回正面编织，把加的4针进行下针编织。

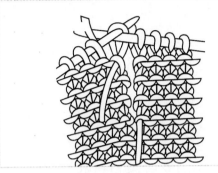

❶在需要留扣眼的地方，先把左边编织到所需横列数后暂停并剪断线，然后把右边编织到左边相同横列数后，把左右两边合在一起编织。

❷扣眼编织完成后，把编织时留下的线头隐藏好。

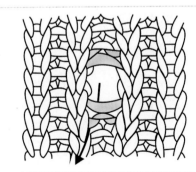

❶在需要扣眼的地方，用钩针上下左右挑开。

❷用穿有细线的缝衣针沿箭头方向插入。

115

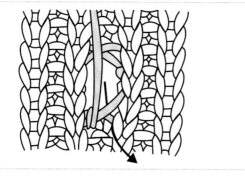

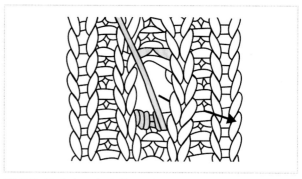

③细线在左下角绕两圈后，沿箭头方向插针。

④用细线在右下角也绕两圈，然后沿箭头方向插针。

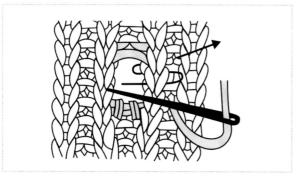

⑤沿箭头方向插针，在扣眼的右边进行锁边。

⑥细线在左右上角分别绕两圈后，沿箭头方向插针。

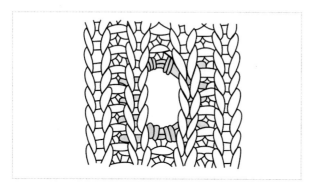

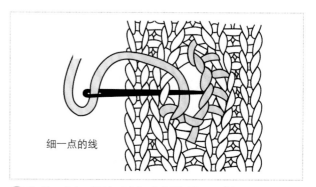

细一点的线

⑦挤压型扣眼完成。

⑧此外，还可用如图方法制作挤压型扣眼。

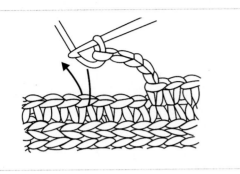

在需要扣眼的地方，用钩针钩织几针短针，然后如图示箭头插入钩针钩织，将其固定。

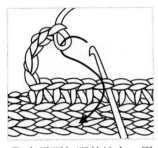

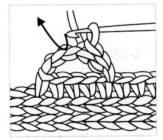

① 在需要扣眼的地方，用钩针钩织几针短针，然后把钩针抽出，按图示方向钩住钩环固定。

② 在形成的钩环位置再钩织第2层。

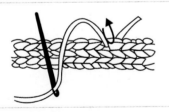

① 在需要扣眼的地方，根据要求用针缝出一个环状。

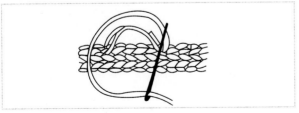

② 用缝衣针来回缝合几圈。

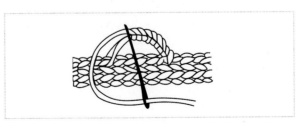

③ 用缝合针在双线环上打套结，直至整个扣眼。

纽扣的缝法

有内衬扣时

内衬扣

丝线或扣眼
锁边线

① 用丝线或扣眼做织物的锁边线。

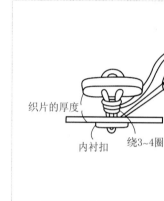

织片的厚度

内衬扣　绕3~4圈

② 根据织物的厚度来决定绕几圈线。

③ 完成。

没有内衬扣时

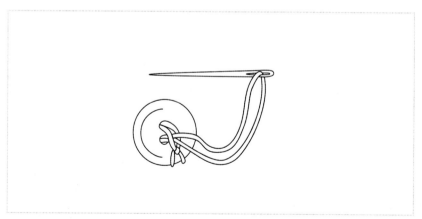

① 把缝衣针穿上缝线并打结，从纽扣的其中一孔穿过后从另一孔穿出。

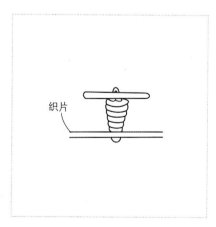

织片

② 根据织物的厚度来决定绕几圈线。

装饰物编法。

①把厚纸板剪成U形，用毛线绕34~50圈。

②在U形中间扎紧打结，然后把上下两端毛线剪断。

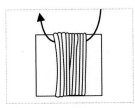 

系紧

用剪刀剪开

①选一块比穗子长出1~2厘米的纸板，用毛线在上面绕几圈。

②上半部分系紧，剪断线圈，修饰成形即可。

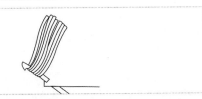

①钩针先穿过织物，然后把等长的毛线绕在钩针上拉出。

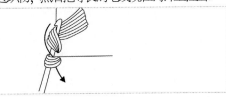

②把等长的毛线再次绕在钩针上，沿箭头方向拉针。

毛绒球的制作

③最后修剪整齐，用手掌搓一搓。

穗子的制作

流苏的制作

③流苏制作完成。

图书在版编目（ＣＩＰ）数据

棒针入门 / 木木尔 主编. -- 长沙：湖南科学技术
出版社,2012.12
　（快乐手工系列）
　ISBN 978-7-5357-7422-4

　Ⅰ. ①棒… Ⅱ. ①木… Ⅲ. ①毛衣针－绒线－编织－
图集 Ⅳ. ①TS935.522-64
　中国版本图书馆 CIP 数据核字(2012)第 237930 号

快乐手工系列
棒针入门
主　　编：木木尔
责任编辑：郑　英
出版发行：湖南科学技术出版社
社　　址：长沙市湘雅路 276 号
　　　　　http://www.hnstp.com
邮购联系：本社直销科　0731-84375808
印　　刷：长沙市雅高彩印有限公司
　　　　　（印装质量问题请直接与本厂联系）
厂　　址：长沙市湘雅路 341 号纸张油墨市场内
邮　　编：410008
出版日期：2013 年 1 月第 1 版第 1 次
开　　本：889mm×1194mm　1/20
印　　张：6
书　　号：ISBN 978-7-5357-7422-4
定　　价：26.00 元

快乐生活 QQ 群：225410925